PENCIL ✏ ½

NOODL
CUP

BEER

PENCIL ✏ ½

U0343751

BRIEF HISTORIES OF EVERYDAY OBJECTS

Written and Drawn by
Andy Warner

[美]安迪·沃纳 著/绘

唐梦莲 译

GUANGXI NORMAL UNIVERSITY PRESS
广西师范大学出版社
·桂林·

日用品简史
RIYONGPIN JIANSHI

著作权合同登记号桂图登字：20-2017-243 号

图书在版编目（CIP）数据

日用品简史 /（美）安迪·沃纳著绘 ；唐梦莲译. —桂林：
广西师范大学出版社，2018.9
书名原文: Brief Histories of Everyday Objects
ISBN 978-7-5598-1081-6

Ⅰ．①日… Ⅱ．①安… ②唐… Ⅲ．①日用品－历史－世
界－通俗读物 Ⅳ．①TS976.8-49

中国版本图书馆 CIP 数据核字（2018）第 173373 号

广西师范大学出版社出版发行

（ 广西桂林市五里店路 9 号　邮政编码：541004 ）
网址：http://www.bbtpress.com
出版人：张艺兵
全国新华书店经销
湖南省众鑫印务有限公司印刷
（长沙县榔梨镇保家村　邮政编码：410000）
开本：889 mm × 1 300 mm　1/32
印张：7　　　字数：87.5 千字
2018 年 9 月第 1 版　　2018 年 9 月第 1 次印刷
审图号：GS（2018）3625 号
定价：58.00 元

如发现印装质量问题，影响阅读，请与出版社发行部门联系调换。

For Mr. Gonick and Uncle John

献给戈尼克先生和约翰叔叔

目录 CONTENTS

前言 INTRODUCTION

写一本《日用品简史》的想法，最早是2013年2月底的一天在我洗澡时冒出来的。

然而花洒里没什么值得一提的故事。

而且相当无聊。

当时我苦思冥想，不知道该选什么主题。

好吧，下次思考之前我得来点儿咖啡。

但是，我的牙刷背后藏着一系列有关暴动、贸易航线和伦敦监狱的历史。

非常厉害！

刷刷

要不就写淋浴花洒？这东西从哪儿来的？这里面可能有故事！

我继续挖掘身边的一切，从背包到圆珠笔，发现了许多个故事。

我突然知道自己该画什么漫画了。

这本书里所包含的历史都尽可能尊重我所挖掘到的事实，但大部分对话都是编出来的，这样才更有趣嘛。

嗯，这部分得再加几个关于吸尘器的段子。

咬

直接引用某人的言论时，我会明确标注出来。

有时候不知道一些人物和地点该画成什么样子，也找不到图片可供参考，我就自由发挥了……希望主角们没为这事儿生气……

咳、咳。

于是过去一年里，一间花园小屋成了我的工作室，在那里我画出了这本书中的每一样东西。

一年啊，整整一年，研究着牙刷们。

但是小屋非常不错，希望你们能享受翻阅这本漫画的时光！

更简史 BRIEFER HISTORIES

我研究了解到的很多信息都没有一一写进这本书，那就把它们放在这个"更简史"板块吧，万一你们想了解更多关于曲别针的小细节呢？

好像大家都特别想了解曲别针！这是为什么？

天呀，但愿如此吧。

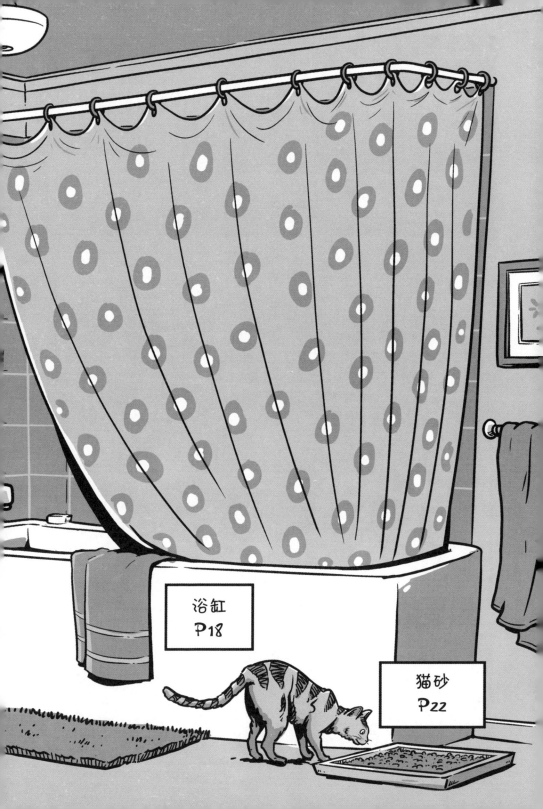

浴缸
P18

猫砂
P22

牙刷 TOOTHBRUSHES

在18世纪的英国，口腔卫生还做得不怎么样。

人们用沾着煤灰和盐的破布条在牙齿上摩擦摩擦，就算刷牙了。

咳！

好恶心！

我们干吗要这样对待自己啊？

1770年，威廉·艾迪斯因煽动暴乱罪被送进了伦敦监狱。

我们只是发泄一下情绪而已！

哎呀!!

入狱后，艾迪斯发现自己突然有了一大堆时间要打发。

但是，这个设计可能不完全是艾迪斯首创的。

早在公元700年之前的中国就已经有人使用牙刷了。

16世纪之前，牙刷已被进口到欧洲。

MYSTERIES FROM THE EAST

艾迪斯很可能在什么地方看到过这东西。

艾迪斯究竟是不是从古代中国"剽窃"了牙刷这个发明，现在已经无从考证，而且也不重要了。

我要为口腔卫生掀起一场革命！

出狱后，艾迪斯立即创立了全世界首家大批量生产牙刷的公司……

……然后，暴富到不可思议。

说首创就过誉啦！

"刷""刷"刷

什么？以前的人用破布条刷牙？

好恶心。

更简史 BRIEFER HISTORIES

二战后归国的士兵把刷牙的习惯带回美国，从那时起美国人才开始刷牙。

打倒法西斯！打倒蛀牙！

一位名叫玛瑞丽·斯诺的奥克兰摄影师展出了她从1981年起收藏的1000多把牙刷。

在1938年尼龙材料出现之前，牙刷毛的材料多是獾和野猪的鬃毛。拿破仑生活考究，用马鬃当牙刷。

嘚！

过去牙膏的原材料有牛蹄、蛋壳、贝壳和木炭等。一抹薄荷味的清新！

洗发水
SHAMPOO

1867年，莎拉·布里德洛夫出生在一个刚摆脱奴隶身份不到两年的家庭，日子艰难极了。

嗯？你是说这比一出生就被卖去当免费苦力还艰难？

我震惊了！

不到8岁时，莎拉的父母离世，她不满14岁就嫁人了。

确定要从这段开始讲起吗？

18岁那年她生下女儿，随后丈夫也去世了，莎拉成了一个20岁的单亲妈妈。

好吧，起码一切不会更糟了。

呜哇！

然后她就开始不停地脱发……

唉……

1904年，莎拉偶遇了一款由安妮·马龙售卖的产品，这瓶洗发水拯救了她的秀发！

我的人生竟然有完全不悲剧的东西出现！

想象一下！

莎拉深受感动，做起了安妮的销售代理。

转角又遇到爱，她改嫁给商人查尔斯·约瑟夫·沃克，并随了夫姓。

布里德洛夫现在是"沃克夫人"了。

新晋沃克夫人做了一个梦，梦里一个非洲男人向她走来。

别怕，我是来告诉你护发秘籍的……

沃克夫人灵光一现，决定售卖自家配方的护发产品。安妮一辈子都不想原谅她。

无所谓

我就是要把这个"不悲剧"的东西尝试到底。

那个年代，很多美国黑人女性用鹅油做发型。

"比鹅油更好用哦！"

嗯，这句好，我得记下来。

沃克夫人的护发产品真的大受欢迎。

她招兵买马，组建起一支兢兢业业的销售队伍，成员全部是黑人女性，她们的薪资待遇极为可观。

这些推销员穿上统一的工作装，做好发型，挨家挨户上门推销沃克夫人的护发产品。

"比鹅油更好用哦！"

沃克夫人训练出了成千上万个女推销员。

我们自己的发型就是销售的关键！

后来，沃克夫妇婚姻破裂，但她还是保留了夫姓。

这算什么，我见过更糟的事儿，我真的、真的见过。

她的生意越来越红火。

她用自己的财富做了许多好事。有一次，一家电影院因为她的黑肤色强迫她花高价买票，她随即提起诉讼……

他们一定会后悔的。

WALKER THEATRE

……然后请人建了一座巨大的娱乐中心，专为黑人服务。大楼里从美容院到杂货店，从舞厅到咖啡馆应有尽有，还有一家1500座的影剧院。

好吧……我承认是有点后悔……

沃克夫人用自己的财富和影响力反对私刑，帮助黑人经营起自己的事业。

N·A·A·C·P
Anti-Lynching Campaign

W.E.B.
杜波伊斯

她在洛克菲勒的豪宅旁边建了一座大别墅……

……却在51岁时因肾衰竭离开人世。

去世后，这位出生于前奴隶家庭的孤儿、丈夫早逝的遗孀被评为美国历史上第一位靠自己成为百万富翁的女性。

总体来说，干得不错~

MADAM C.J. WALKER'S
VEGETABLE SHAMPOO

更简史 BRIEFER HISTORIES

洛克夫人曾经当过安妮·马龙的销售员，并由此萌生了做护发产品的想法。马龙也是一个前奴隶家庭留下的孤儿。

这种情况在19世纪60年代并不少见。

马龙用辍学前学到的化学知识开发出了她的产品。

比非洲男人托梦靠谱一点儿。

她紧随沃克夫人的脚步，几年后也成为百万富翁，但在跟《圣经》推销员丈夫离婚时损失了大量财产。

但我还是买下了芝加哥的一整个街区。

安妮·马龙在87岁时去世。

是的，一，整，个，街，区。哇哦！

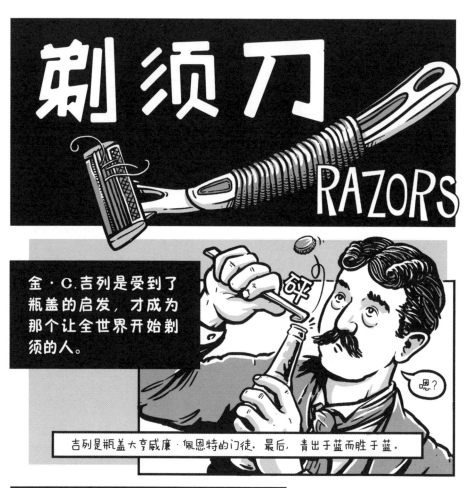

剃须刀
RAZORS

金·C.吉列是受到了瓶盖的启发，才成为那个让全世界开始剃须的人。

嗯？

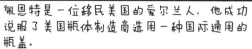

吉列是瓶盖大亨威廉·佩恩特的门徒，最后，青出于蓝而胜于蓝。

佩恩特是一位移居美国的爱尔兰人，他成功说服了美国瓶体制造商选用一种国际通用的瓶盖。

佩恩特向吉列分享了他成功的秘诀。

你猜，瓶盖和开瓶器的专利在谁手里？

W. PAINTER.
BOTTLE SEALING DEVICE.

小伙子，发明一种用后可丢弃的东西吧。

有一天早上，吉列在用直剃刀刮胡子的时候想出了一个好点子。

吉列和一位叫尼克森的机械师合伙，想设计出一个新的剃须方案。

1901年，他们发明了安全剃须刀和可丢弃的剃须刀片，成立了一家名为"吉列"的公司来做营销。

吉列的八字胡和他剃须后光洁的下巴成了品牌形象。

第一年他们只卖了168块刀片，第二年卖出超过123,000块。

吉列突然发现自己有了足够的钱支持他实现更宏伟的梦想。

如果大家喜欢我的剃须刀，也一定会爱上我的社会结构理论！

1902年，他出版了一本名叫《人类的漂流》的书，内容颇为激进。

当时，吉列强烈主张美国各产业都形成一个巨大的公有集合体……

公有集合体

……所有美国人都应该住在纽约北部"大都会"，一个自给自足的巨大城市里。

咆哮

尼亚加拉大瀑布负责发电，满足所有用电需求。

吉列后来创立了一家公司，希望将一生的梦想变为现实。

而且，人人都能有光洁无须的下巴！

METROPOLIS
大都会

NEW YORK 纽约州

他甚至出一百万美金的薪水，想雇西奥多·罗斯福来担任这个梦想国度的总统。

呃……胡子的事儿我倒能理解……

罗斯福拒绝了。

惊人的是，吉列的乌托邦计划一直没能展开，这个"失意"的男人最后退休去棕榈泉生活了。

唉……好吧，至少大家都有光洁的下巴了。

更简史 BRIEFER HISTORIES

剃刀的出现可以追溯到青铜器时代，千百年来剃刀变换了无数匪夷所思的造型。

亚历山大大帝命令他手下的将士们都剃光胡须，避免在战场上被敌人抓住胡子不放。

报告大王，我们军队左翼出现了一个山羊胡子！

女性腋下脱毛是1922年随着无袖连衣裙的出现而流行的。20年后，因为裙子越来越短，腿部脱毛也流行起来。

剃须刀本身的营业额让吉列亏损，但靠销售可替换刀片，他扭亏为盈。

多亏你的好建议，佩恩特！

马桶
TOILETS

抽水马桶的创意最早来源于生活在12世纪的加扎利，他是一位了不起的发明家和工匠。

年轻时，他在阿拔斯王朝的国都巴格达著名的"智慧宫"求学。

这个名字取得很恰当！

加扎利设计了许多大型自动机械装置，其中有一个是洗手器。

一个非常非常复杂的自动洗手装置……

洗手器是一个真人大小的女性雕像，它倒出一大盆水供人使用，污水通过盆中的空心的鸭子排出。

太实用了！！

哗！

洗手器的这一原理后来应用在现代马桶中，使得每次冲水后水箱可以被再次填满。

哗啦

但是加扎利并不满足于只是制造一个小小的洗手器。

讲不讲卫生没那么重要！

他还发明了一个靠水力驱动的"大象钟"……

嘀嗒 嘀嗒

创立了一个由机械乐手组成的水上漂流乐队。

去世后，他设计的城市水压系统（世界首例）在大马士革投入使用。

没怎么花时间做这个！

还是水上机器人乐队更有意思。

然而谁也没想到将加扎利的冲水装置用在马桶上。直到1596年，约翰·哈灵顿在他位于英国凯尔斯顿的庄园中安装了一个马桶。

哈灵顿是女王伊丽莎白一世的皇室成员，外号"鲁莽的教子"。他给女王也装了一个马桶。

为尊贵的女王陛下……呃……特地安装的。
咳咳。

但是女王觉得马桶响声太大，还是选择使用夜壶。

哗啦！

噎！

哈灵顿还是决定将抽水马桶的福音告诉更多人，于是出版了宣传册来传播他的发明。

别无选择，伦敦市只能又用上老办法……

……雇用大批人员到发臭的地下工作，手动清理粪便。

啊！这发展进步的味道！

后来，伦敦市设计了新型排水系统，并斥巨资在全市范围内完成安装。

更简史 BRIEFER HISTORIES

在1206年出版的《精巧机械装置百科全书》中，加扎利描述了他自己制造的100种机械装置。

其中包括一个3米多高、城堡形状的天文钟。

实用性是我的专长！

约翰·哈灵顿还有一次被逐出皇室的经历，原因是他翻译的《疯狂的奥兰多》被认为太过下流。

我有时候就是控制不了自己的冲动。

这好像真的是个问题。

1851年在水晶宫举办的伦敦世博会是第一次世界展览，总共展出13000件展品，接待了600万参观者。

伦敦排水系统的转折点是1858年夏天的"伦敦大恶臭"事件，当时下水管道排出的污水已经堵塞了泰晤士河。

呃！

恶心！

1917年12月28日，《纽约晚邮报》的读者惊讶地发现，他们错过了一个重大事件！

门肯在这篇报道中写道，75年前一位来自辛辛那提的棉商第一次将浴缸进口到美国。浴缸的内壁衬铅，重800千克，长2米多。

报道还称，关于浴缸的争论持续发酵，直到米勒德·菲尔莫尔总统将其平息……

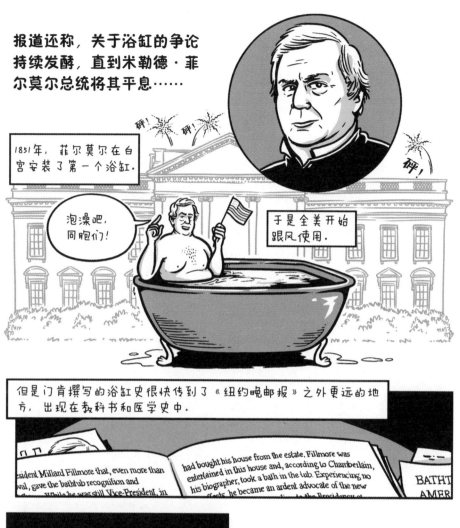

1851年，菲尔莫尔在白宫安装了第一个浴缸。

泡澡吧，同胞们！

于是全美开始跟风使用。

但是门肯撰写的浴缸史很快传到了《纽约晚邮报》之外更远的地方，出现在教科书和医学史中。

...sident Millard Fillmore that, even more than ...val, gave the bathtub recognition and ...While he was still Vice-President, in

had bought his house from the estate. Fillmore was entertained in this house and, according to Chamberlain, his biographer, took a bath in the tub. Experiencing no ...fects, he became an ardent advocate of the new

BATHT
AMER

唯一的问题是：这些全部都是他胡编乱造的。

等一下，你说啥？

就是如此。

在报道刊登九年后，门肯终于自己说出了实情。

这次我说的可是真的啊……

他还说，如果这篇报道里的确有事实存在，那也纯属巧合。

但一切都太迟了。

这个关于浴缸和菲尔莫尔的故事早就被当成常识，在门肯坦白后的五年里，又有十几家报纸杂志相继把它当成真事来报道。

哎哟喂……

直到今天，这个故事仍会时不时出现。

事实上，白宫的第一个自来水浴缸是安德鲁·杰克逊总统在1833年安装的。

忙碌了一天，没有什么比泡个澡更放松了……

哗～

陶瓷浴缸其实是美国的发明，广告宣传说它还能作为猪肉浸烫机，具有双重用途。

KOHLER
Bath Tub &
Hog Scalder
SALE!

等一下，先别这样好吗……

门肯自己倒是没怎么在乎，
他在1926年写道：

真实的浴缸史到底是什么，我自己也不知道。

挖掘真相的过程太麻烦了，再说就算最后真的挖到，可能也不过是些陈词滥调。

喂，你可以下岗了！

更简史 BRIEFER HISTORIES

土耳其浴缸是从罗马传来的，罗马人泡澡的习惯是跟希腊人学的。土耳其人是在征服了君士坦丁堡后才改进了生活方式。

中世纪平民不洗澡的说法不符合事实。但当时的神父确实警告说，沉迷于频繁洗澡也是一种罪。

阿基米德进到浴缸里时发现水位上升，于是发现了浮力原理。

他湿漉漉地裸奔到锡拉库扎的街头，大喊"Eureka"，古希腊语的意思是"我发现啦"。

猫砂 KITTY LITTER

那是1947年1月美国密歇根州的一个寒冷的冬夜，凯·德雷伯遇到了难题。

德雷伯太太原本放在猫厕所里的沙土都冻住了，情急之下，她只好试试煤灰。

可是结果似乎不太理想。

喵？

她的邻居爱德华·劳也烦着呢。他一直在推销做鸡窝用的黏土粒。

但农民们都不愿意买。

拜托，上好的黏土哎！

鸡一定会喜欢的！

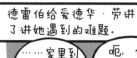

德雷伯给爱德华·劳讲了讲她遇到的难题。

……家里到处是煤灰和猫屎！

呃，你试过黏土粒吗？

黏土粒有吸附性，能除臭，很快俘获了德雷伯和猫咪的心。

不然就得拉在一盒子冻土里，你自己想想吧……我别无选择。

KITTY CHICKEN LITTER

爱德华·劳感觉找到了产品营销方向。

但他发现当地的商店持怀疑态度，不确定这些手写袋子里装的2千克重黏土粒会被人买走。

哎呀！

那就免费发吧！

看看有没有人要。

KITTY CHICKEN LITTER

KITTY CHICKEN LITTER

商店照做了。

"KITTY LITTER" FREE!

KITTY CHICKEN LITTER

KITTY CHICKEN LITTER

好奇的猫咪主人给了免费黏土粒一个机会……

嗷！超好的黏土！

猫砂就此迅速流行起来。

人们开始为这些黏土粒掏腰包了!

爱德华·劳带上他的产品走遍全美国,在各种宠物展上演示着清理猫厕所的过程。

猫砂让铲屎变成一种享受!

人们纷纷被吸引过来。

好吧,他对猫砂真是热忱满满啊。

这一切也引起了宠物店的注意。

于是,猫砂的销售量直飞冲天。

我们的目标是,争当二流行业里的超一流!

这句确实是他的原话。

猫咪不再踩着煤灰和猫屎弄脏地板，也就成了超受欢迎的宠物选择。

更简史 BRIEFER HISTORIES

养猫的美国人每年要在猫砂上花费120亿美元左右。

爱德华·劳靠着销售猫砂变成大富豪。他拥有22处房产，甚至一度在密歇根州买下一整个小镇。猫砂真是摇钱树啊。

1984年，一只波斯猫的主人发明了凝结猫砂，他叫托马斯·纳尔逊，是位生物化学家。

后来，木屑、旧报纸、松木和甜菜渣等又成了黏土粒的新型环保替代品。

鞋子
SHOES

扬·恩斯特·马特齐利格绝对是个硬汉。

我生下来可不是为了来闲逛的。

1852年，他出生于荷属圭亚那，一个由苏里南黑奴和荷兰工程师组成的家庭里。

19岁那年，马特齐利格在东印度公司的轮船上找了一份工程师的差事，出发去看看世界。

这机器也太美妙了！

咔嚓咔嚓咔嚓

两年后他在美国费城登陆，想找一份机械师的工作。

喏，我的简历。

咔嚓 咔嚓 咔嚓

当时的费城依然盛行种族隔离，黑皮肤让马特齐利格屡屡受限。他只能去当一个鞋匠学徒。

好吧，比酷炫的大轮船是差了那么一点……

鞋子在那个年代还是奢侈品。

喂，不是往头上戴的。

只有有钱人才买得起属于自己的第二双鞋。

天哪，我听说那人拥有整整三双！

鞋子之所以这么贵，是因为虽然其他工序已经实现机械化，但把鞋面固定在鞋底上的这一步还必须依靠手工。

愚蠢的人类！真浪费时间。

这一步骤叫"制楦"，得由非常专业（而且干活很慢）的工匠来完成。

马特齐利格算了一下，实现这个步骤的机械化能让生产鞋子的成本节省一半。

他决定发明一个制楦机器。

记得我早就说过……

我不是来闲逛的。

他把全部身家都投入了进去。

马特齐利格每天只花六分钱在吃饭上，省下的钱都用来做实验。

他辞掉了鞋厂的工作，全身心投入到机器发明里。

我……必须解决制鞋业的低效率问题。

咳！！

他用没人要的雪茄盒、电线和废旧金属材料做模型。

后来他的钱花光了，身体也累垮了，他就把这项发明未来收益的三分之二卖掉，来支撑自己尝试下去。

经过漫长的五年，马特齐利格终于在1883年造出了他的自动制楦机。

他的机器图纸和程序太复杂了，专利局人员得亲自上门确保它真的好用。

这东西……

咳！特别美妙吧？我知道你要说什么。

咳咳 咳

呼哧 呼哧……

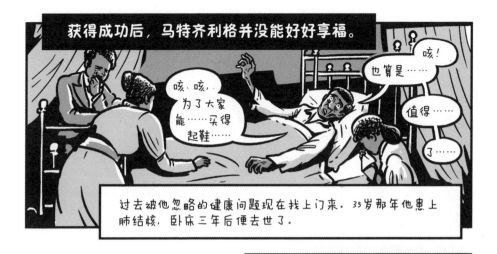

获得成功后，马特齐利格并没能好好享福。

咳、咳，为了大家能……买得起鞋……

也算是……

咳！

值得……

了……

过去被他忽略的健康问题现在找上门来。35岁那年他患上肺结核，卧床三年后便去世了。

但他的机器让普通人都能轻松拥有第二双鞋，鞋子从此再也不是奢侈品了。

天哪，我听说他只有十双鞋。

你可以去实现奇怪的梦想……

只是别忘了时不时度个假啊。

更简史 BRIEFER HISTORIES

现存最古老的鞋子是在俄勒冈发现的一双山艾树皮鞋，可以追溯到一万年前。

1812年，M.I.布律内尔造出了第一台制鞋机器，但整个生产流程的机械化在19世纪90年代才完成。

机械时代终究是来了，我们每一个人，都躲不过。

丝绸
SILK

有一些学者认为，大约在6000年前，中国北方有人养了一种神奇的昆虫，后来这些小·不点改变了世界。

坐下！

这样训练好像没啥用。

这种昆虫就是野生蚕蛾，它们只以桑叶为食。

有聪明人发现蚕茧特别漂亮，开始把它织成布。真是奇思妙想。

这听起来可能有点疯狂，但是……

闪亮

嗯，好主意。

又有更聪明的人意识到，如果自己养蛾就不用满世界找蚕茧了。人类的智慧啊。

经过一代代选择育种，野生蚕蛾转变成了我们现在看到的既眼盲又不会飞的家养蚕蛾。

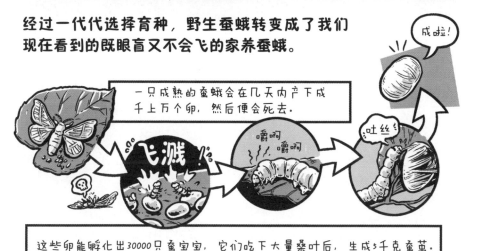

古代中国人对蚕蛾和桑叶的秘密守口如瓶，把丝绸生产封锁在国内，使其供不应求、价格提高。

你想想，万一这工艺落到坏人手里怎么办？

不敢想象！满大街都是丝绸衫。

丝绸实在太罕见了。公元前53年，罗马军队一看到帕提亚帝国军队的丝绸旗就会大感惊骇，仓皇逃窜。

神啊！他们太闪亮了！！

后来蚕被偷运出中国，但没有人知道它只吃桑叶。

什么！

汉朝中期，也就是公元前80年左右，珍贵的丝绸甚至一度成为通货。

好嘞，一条丝巾，再找您两条手绢！

但中国人也没法永远保守这个秘密，养蚕的工艺还是逐渐传出国门，被世界各地的人们知晓。

公元200年，丝绸生产技术传到日本和朝鲜半岛。

这听起来可能有点疯狂，但是……

公元300年前后，南亚地区开始种植养蚕必备的桑树。

这听起来可能有点疯狂，但是……

公元440年，一位中国公主将桑树种子放在头发里，偷运给中亚的土耳其王子。

这听起来可能有点疯狂，但是……

摇一摇

公元550年，两个和尚将蚕卵和桑树种子藏进空心的手杖里，带到了拜占庭。

这听起来可能有点疯狂，但是……

秤

于是，传说中从新石器时代就开始养殖的、既眼盲又不会飞的家养蚕蛾从中国传遍了世界。

坐下！这样训练好像没啥用。

更简史 BRIEFER HISTORIES

一个非法组织曾盗用"丝绸之路"作为其网站名称，这一组织于2013年被美国联邦调查局一网打尽。

THIS HIDDEN SITE HAS BEEN SEIZED
By the Federal Bureau of Investigation

从蚕茧到丝绸的制作过程会让蚕死去，这引起了"人道对待动物组织"的强烈抵制。想一想蚕宝宝吧！

THINK OF THE WORMS!

维可牢
VELCRO

从仲夏到初秋，牛蒡开花，
长出多刺的球形刺果。

这是一种植物进化适应环境的表现，帮助
它们在大地上四处播种。

动物穿过树丛时，牛蒡的刺果会粘在动物毛发上。

讨厌的牛蒡！

刺果掉落的地方，就会有新的牛蒡长出来。

1941年，瑞士电机工程师乔治·德·梅斯特拉尔从阿尔卑斯山远足回来，他的狗粘了一身的牛蒡刺果。

呜呜！

梅斯特拉尔很惊讶，刺果怎么会和狗毛粘得这么紧……

讨厌的牛蒡！

吧唧！吧唧！！！

……所以他用显微镜仔细观察了一番。

他发现在刺果的每一个尖儿上，都有一些小钩子。

这些密密麻麻的小钩子会钩住毛发和衣服。

讨厌的牛蒡！

梅斯特拉尔想起几个月前他太太的连衣裙拉链卡住的事儿。

呃，就快拉上了！

慢点儿！

他意识到，如果仿照牛蒡刺果设计一个粘扣，就不会像拉链那样卡住了。

嗯……的确，

卡住太尴尬啦！

这是啥？

于是梅斯特拉尔开始了长达十年的尝试。

我知道你们想说啥……

用得着十年吗？

他用棉花做了一个版本，但不太耐用。

看来棉花不是最适合的材料……

这种新奇的粘扣销量并不好，但梅斯特拉尔还是没有放弃。

不不不，你们看，它就像拉链和刺果的结合体……

咳！嘘！哈哈！？

梅斯特拉尔又尝试了一种新材料——尼龙，这简直是完美的选择。经过几年的努力，他的粘扣终于可以量产。

受死吧，拉链！

粘扣来啦！

咔嚓咔嚓

撕！！

1951年，他给自己的产品命名为"维可牢"，并获得了专利。

梅斯特拉尔希望他的发明最终能彻底取代拉链。

亲爱的，帮我粘好维可牢。

这个梦想没能完全实现.

但在1966年，NASA需要找到一种方式在失重的条件下将物品固定住。这种在牛蒡和狗毛的启发下出现的维可牢粘扣成了他们的选择。

撕~~~

梅斯特拉尔在有生之年看到了维可牢登上太空的那一天。

可爱的牛蒡！

更简史 BRIEFER HISTORIES

维可牢（Velcro）这个名称来源于法语中的"天鹅绒"（velours）和"钩子"（crochet）两个词。

维可牢是品牌名（类似于舒洁纸巾），材料本身应该称为"小圈和小钩组合而成的搭扣"。

拜托，谁会这样叫啊？

运动内衣
SPORTS BRAS

20世纪70年代的美国，慢跑极受欢迎。

这是个神奇的年代。

除了慢跑还有宠物，石头。

1972年，美国获得了一枚奥运会马拉松项目的金牌，让全国上下对跑步更加狂热。

人人都爱上跑步，但许多女性发现了其中的不便。

气喘呼吁。

哎哟！

其实运动和女性胸部之间的矛盾早就出现了。

女性的基本需求被忽视了？

震惊！

19世纪90年代出现了一种骑行时穿的紧身胸衣，结果毁誉参半。

但是后来紧身服装过时了，女性爱上了宽松的衣服。可在运动的时候，许多女性又发觉身体的某些部位在宽松衣服里的活动空间太大了。

天哪！从来都没这么想要一件紧身衣！

砰！

对此，有些人甚至采取了极端方式。

著名的法国运动员维奥莉特·莫里斯因为受不了这一困扰，做手术切除了自己的乳房。她在20世纪20年代公开"出柜"，后来还成了纳粹分子。

好啦，我的生活方式可能确实有点离经叛道……

1975年，Glamorise品牌推出了一款"自由运动网球文胸"。

FREE SWING TENNIS BRA

For the active woman who golfs, skis, bowls, skates, sails and cycles. On the go! Bra-Net action sides stretch with you. Terry cot lined Antron III® cups 32-36 A. 34-38 B, C, D.

$5

但也就是在常规内衣基础上，增加了有弹性的侧边。

1977年，丽莎·琳达尔接到姐姐打来的电话，这个电话为女性运动带来了改变。

喂？

我要跟你说说慢跑的事儿！

琳达尔的姐姐那段时间喜欢上慢跑，但发现跑步的"副作用"让她又疼又尴尬。

一跑起来就摇晃下坠！

就是！

男人都有三角护身，为什么女人没有类似的东西？

琳达尔也爱跑步，她觉得自己有能力解决这个问题。

她和当地的两位舞台服装设计师一起讨论该如何设计运动内衣，但尝试了好几个样式都没能成功。

抱歉，我们最近在忙《卡米洛特》。

后来琳达尔的丈夫开玩笑地抓过两件他自己的三角护身。

这不就是护胸嘛。

天哪！可不是嘛！

女士们！

几位女士把两件男士三角护身缝起来……

女士运动内衣就成啦！

但没过多久，琳达尔就和丈夫离婚了。

我想让你把三角护身也还给我！

琳达尔决定去读研究生，让生活回到正轨，于是开始和朋友一起销售"慢跑内衣"为自己赚学费。

想想看，以后跑步既不会疼，也不会感觉尴尬了！

她们花了好大工夫才让体育用品商店明白它跟普通内衣真的不同。而每次这种女士运动内衣一上架，都会被一抢而空！

天呀，解决女性基本需求比我想象中赚多了。

简直震惊！

SPORTS TOWN

SOLD OUT!

jogbra

很快，琳达尔就靠这个产品自力更生了。

更简史 BRIEFER HISTORIES

和琳达尔一起设计慢跑内衣的欣达·米勒后来成了佛蒙特州议员。

另一位名叫波莉·史密斯的设计者，则去为布偶电影做戏服了。

维奥莉特·莫里斯还是个赛车手，开有自己的自行车店，后被法国抵抗力量暗杀。她有个外号叫"鬣狗"。

就像韦斯·安德森电影里的大反派！

琳达尔和她的搭档们把第一代慢跑内衣称作"护胸"（jockbra），现收藏在位于华盛顿的史密森尼美国历史博物馆。

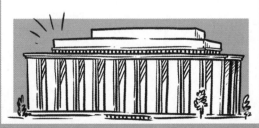

人们在西西里岛发现了公元300年的壁画，上面已经有了女性穿束胸做运动的画面。

噢！

呼呼！

安全别针 SAFETY PINS

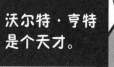

沃尔特·亨特是个天才。

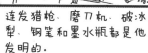

连发猎枪、磨刀机、破冰犁、钢笔和墨水瓶都是他发明的。

可问题在于，亨特并不擅长从这些发明当中获利。

1833年，亨特又成功地发明了缝纫机。

我相信它会开启现代制衣新篇章的！

不对……

不过一想到这台机器会让裁缝失业，他便放弃了这个念头。

噢，天哪！

1849年，亨特因财务危机陷入了困窘。

他欠了15美元的债，在1849年那可是很大一笔钱！

快开门！要债的！

拜托，你觉得我一个怕机械化会导致裁缝失业的有道德操守的人，能赚到什么钱啊？

啪！啪啪！啪啪！

弯折

亨特一边等待着自己的命运，一边胡乱弯折着一小段金属丝。

不停地 弯折

他低头一看，不由得惊呼起来。

我的老天爷啊！

喂！我都看见你了，快开门！！

亨特把那一小段金属丝折成了一个特殊的形状，既可以轻易扣起来，也不难打开，而且锋利的尖头不会扎到手。

关键是也不会让任何人因此失业。亨特惊喜极了。

嘿！好人有好报啊！

亨特下定决心，这次一定要从这个小发明身上盈利。

没错！一定要！

他为这项发明申请了专利，并以400美元的高价将其卖给了W.R.格雷斯的公司！

亨特还清了15美元的债务之后，还剩385美元呢……

一小段金属丝，没少赚嘛！

……然后他就眼睁睁地看着格雷斯的公司靠这个安全别针设计赚了几百万美元。

唉，我得想个办法了。

还有一些商人利用缝纫机变得超级富有，而此前亨特因为羞愧放弃了这项专利。

沃尔特·亨特人生的最后十年基本都花在处理专利纠纷上。

更简史 BRIEFER HISTORIES

在布鲁克林的格林伍德公墓，沃尔特·亨特的墓碑立在伊莱亚斯·豪纪念碑的阴影里，豪就是那个靠亨特发明的缝纫机发家致富的人。

干吗反复戳人家的痛处！

古希腊人曾使用扣针（古希腊语是"fibula"）扣住衣袍，其设计类似于现代的安全别针。

瑞典裔美国艺术家克拉斯·欧登伯格设计了一个6.4米高的别针雕塑，置于旧金山金门公园的德扬博物馆院内。

欧登伯格还做过巨大的苹果核、晾衣夹、花园浇水管子等其他雕塑。

乌克兰人有一个说法，在衣服上别一个别针可以驱散恶魔。

呜呜！

客厅
THE LIVING ROOM

吸尘器
P50

大富翁游戏
P54

骰子
P58

吸尘器
VACUUM CLEANERS

1901年，休伯特·C.布斯去参观了伦敦的一个新型清洁机展览会。

怎么？

周末去看展览多正常啊！

"BLOW CLEANER"

这台被叫作"吹净机"的机器是自动扫帚加簸箕的组合，会把灰尘吹到一个收纳盒里，但灰尘总是被风吹跑。

咳咳，还是有几个毛病需要解决啦，咳！

呼呼！！

后来有一天，布斯在餐厅吃饭时总是忍不住回想那台吹净机。

这就是热爱吧！

灵光一现！

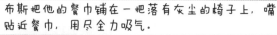

布斯把他的餐巾铺在一把落有灰尘的椅子上，嘴贴近餐巾，用尽全力吸气。

吸啊吸！

吸到快缺氧……差点窒息。

从缺氧中回过神来，布斯发现餐巾上被他吸过的位置背面出现了一圈灰尘。他恍然大悟，看来机器清洁得靠吸，而不是吹啊！

随后布斯发明了吸尘器。

我感觉自己发现了一个重大的秘密……

这样就可以保持清洁！

你说呢？

"保持清洁！"天哪！

沙沙沙

准确来讲，布斯发明了一台安装在马车上的燃气抽吸泵，外号"普芬比利蒸汽火车"。

咔嚓！！咔嚓！咔嚓！！

哇！

呼呼呼！！

马车停靠在房屋外，一根管子经窗户连通屋内。

嘚

据报道，这台大机器吓到过好几匹马。

1902年，布斯的吸尘器获得了一位大名人的认可。

在爱德华七世加冕礼前夕，"普芬比利"被拿来清扫西敏寺大教堂。

几个世纪的继承统治，有些东西难免蒙了灰尘。

布斯派出15台机器，在四周时间内吸走了西敏寺大教堂里的近26吨尘土。

马都怎么啦？

咔嚓！！

咔嚓！

呼呼呼！！

吸尘器流行起来。英国社会的太太们特意开下午茶party，观看"普芬比利"打扫她们的庄园。

哼哼

啊！发展进步的声音！

咔嚓！！

呼呼！

嘶！

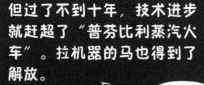

但过了不到十年，技术进步就赶超了"普芬比利蒸汽火车"。拉机器的马也得到了解放。

太是时候了！

The VACUUM CLEANER COMPANY LTD
DUSTLESS SYSTEM
for CLEANING
WITHOUT
CARPETS
CURTAINS
TAPESTRIES

有个患有气喘的美国门卫名叫詹姆斯·斯潘格勒，1907年，他用旧电扇和枕套发明出了便携式吸尘器。

咳咳！

嚓！

第二年，威廉·亨利·胡佛买下了斯潘格勒的设计，将吸尘器销往大众市场。

"不会吓到可爱的马"是个不错的卖点！

人们发现以后打扫房子的时候，没必要再雇一个放在四轮马车上的吵闹的巨兽了，从此"普芬比利"也退休了。

更简史 BRIEFER HISTORIES

在成为门卫之前，斯潘格勒还发明过谷物收割机、搂草机、踏板马车等，但是从来没因此赚到过一分钱。

你好，我是发明别针的亨特。

我觉得我们应该有很多共同语言……

咳咳！

更早之前也有人发明过吸尘器，不过是靠风箱或手摇柄产生动力的。布斯的发明是世界上第一台机械化吸尘器。

这还不如扫地呢……

呼哧呼哧

2004年，在美国探索频道的一档电视节目中出现了世界上最大的吸尘器。节目中，机械工程师把各种日常用品都做成超大版本。

够吸睛！

以Roomba等公司为例，早期出现的智能扫地机器人应用的是美军地雷探测器的技术。

我是从2003-2004年伊拉克战争里来的，你呢？

嗖~~   嗖~~

大富翁游戏

MONOPOLY

大富翁游戏最早是由来自华盛顿的伊丽莎白·马吉设计的，她是一位激进的反资本主义者。

你一定没见过我那一版！

马吉非常仰慕进步派经济学家亨利·乔治，他曾在著作中强调土地垄断对于土地租借的负面影响。

人人都有个爱好嘛。

要怎样将亨利·乔治的经济学理论传播给大众呢？为此，马吉想了个特别的办法。

一款关于税金和财产的棋盘游戏。

这组合无敌了吧？！

1903年，她设计了一款"大地主游戏"，玩家们在棋盘上走棋，吞并财产并征收税款。

这样大家就能发现单一地价税带来的进步力量！

马吉为自己发明的游戏申请了专利，并亲自参与宣传。

你听说过亨利·乔治的理论吗？

LANDLORD'S GAME

一位名叫斯科特·聂尔宁的经济学教授、杰出的社会党成员偶然发现了马吉的"大地主游戏"，并且将它带到了他的课堂。

比上课更有意思� 吧。

宾夕法尼亚大学和托莱多大学的学生纷纷开始自制"大地主游戏"棋盘，带回家里玩。

有一次，这款游戏被介绍给了贵格会教徒。

他们也开始制作棋盘，修改了一部分规则，并命名为"大富翁游戏"。

比布道有意思多啦。

谁敢作弊，小心我的拳头哦！

Society of Friends

这种"大富翁游戏"传遍了美国东北部和中西部的贵格会。

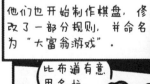

伊丽莎白·马吉想要重新掌控局面。

1924年她延续了专利权，试图将它卖给"帕克兄弟"游戏公司。

进步派经济学家亨利·乔治将单一地价税写进自己的理论……

帕克兄弟以"太过政治化"为由拒绝了。

马吉的这款"大地主游戏"的自制版依然流行着，并且不断增多。

大西洋城的一些贵格会教徒用他们自己的街道名做了一个新版游戏。

喂，我就住在地中海大道！

可恶，那地段多棒！

大西洋城版的"大富翁游戏"流传到费城，被一个名叫查尔斯·达罗的失业男人注意到。

我在想怎么把假钱变成真钱……

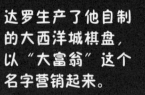

达罗生产了他自制的大西洋城棋盘，以"大富翁"这个名字营销起来。

嗨，你想体验一夜暴富的感觉吗？

达罗版本的"大富翁游戏"抹去了马吉原本设计的游戏中的政治倾向，并且反其道而行之，赞颂资本主义。

他还把自己的版本卖给了帕克兄弟。

是这样……你想方设法发财，然后压制你的竞争对手。

那时候，美国人急切地想要忘掉"大萧条"带来的折磨，扮演暴富的角色，于是纷纷掏钱购买达罗的"大富翁游戏"。

马吉刚想为自己被剽窃的事奔走疾呼，帕克兄弟就第一时间向她买下了专利权，装作什么都没发生。

这事儿别再提了啊。

更简史 BRIEFER HISTORIES

纳粹德国时期，"大富翁游戏"被谴责为"犹太人投机的政治宣传"，并且被禁。

我个人更喜欢"快艇骰子"游戏。

马吉还设计了其他棋盘游戏，想要借此报复一下帕克兄弟。

我已经够仁慈了……

但那些游戏没有火起来。

1904年，马吉举办了一次"噱头"拍卖会，她将自己当成奴隶出售，意在抗议女性低薪的状况。

顺便来看看我的棋盘游戏啊。

直到1973年，当帕克兄弟的一款名为"反大富翁"的讽刺游戏被起诉叫停，马吉的故事才得以公之于众。

那场官司以帕克兄弟败诉而告终。

骰子
DICE

在世界各地的考古挖掘中，人们都发现过一些可能用来占卜或赌博的小物件。

不知道为什么，这些小物件往往是某种不幸动物的踝骨的形状。

别作弊，小心我打你！

有人出主意，把动物的骨头打磨成一个个小立方体……

不然的话，我可能真的会挨打的……

磨啊磨~

磨啊磨~ 磨啊磨~

这样一来，投掷后六个面出现的概率就均等了。

全世界现存最早的六面骰子是在今伊朗东部边境的一个城市出土的。

那里被称为"焚毁之城"。大约在公元前1800年，当地居民因火灾被迫迁离，此前它已经历过两次焚烧。

你不是说不会再着火了吗？！
你不是说连烧两次已经够少见了吗……

在一个5000年前的西洋双陆棋棋盘上，人们也发现了两颗六面骰子。

"焚毁之城"不仅是游戏的发源地，考古人员还在那里挖出了最古老的假眼球。

此外，考古人员还证明了当地居民能用牙齿编织篮子。

这个技艺好像也没啥值得称赞的……

另外惊人的是，那里确实有大片墓地，成千上万个坟墓。

但我们仍不知道，究竟是谁曾居住在这座"焚毁之城"，他们来自哪里又去向了何处。

人类总是愿意从简单的东西中发现复杂而神奇的花样。

比方说简易"多米诺骨牌"。

对啊，比方说我。

最早的多米诺骨牌于公元13世纪左右在中国出现，中国人称"牌九"。其实就是骰子各个面上的点数两两组合，形成一张牌。

有了它就再也不用费力掷骰子啦！

呃……

一副标准的中国多米诺骨牌包含了用两颗骰子可能掷出的所有点数的组合。

但这远远还不算是骰子进化史中最奇葩的一次。

我个人是相信骰子神创论的啦。

两千年前在埃及托勒密王朝出现的二十面骰子，如今收藏于纽约大都会艺术博物馆。

欢迎来到我们的"奇怪老物件"展厅！

二十个面上各有一个希腊符号，其具体含义及用法尚无人知晓。

但是在20世纪70年代成长起来的"极客"却非常熟悉这种二十面骰子的形状。

我用魔法飞弹掷出兽人祭司啦!

噢!致命一击.

这个二十面骰子与角色扮演游戏的鼻祖——《龙与地下城》有关。

《龙与地下城》的规则复杂,需要用到各式各样的骰子。

从这些所谓的"极客"和"书呆子"开始,这款游戏以及这些奇怪的骰子后来传遍了世界。

可不管怎样,当考古人员在废墟中挖出这些小物件时,他们也一定感到相当困惑。

我猜不是占卜用就是赌博用的。

哗?

更简史 BRIEFER HISTORIES

在庞贝古城遗迹中,人们还发现了被动过手脚、确保能掷出幸运点数的骰子。

哎哟,这次你不太走运!

轰隆隆

棋盘游戏比骰子还要历史久远,古代埃及、中国、阿兹特克和美索不达米亚的人们都拥有自己的棋盘游戏。

别作弊,小心我打你!

悠悠球
YO-YOS

佩德罗·佛洛雷斯是个悠悠球高手。

他在祖国菲律宾学会了悠悠球的各种玩法。

悠悠球的历史已经很久了，在希腊茶杯上和印度细密画中都有呈现。

1915年，佛洛雷斯迁居美国南加州。

但是菲律宾悠悠球有所不同，特殊的系线方式使它便于人们玩出各种花样。

嗖——

他还随身带去了菲律宾式悠悠球。

于是在20世纪20年代末，获得投资的佛洛雷斯建起工厂，开始批量生产这种悠悠球。

但他并不是唯一一个发现悠悠球会火的人。

旧金山的冰激凌商唐纳德·邓肯曾在街头看到众多围观者簇拥着一个玩悠悠球的孩子。

我嗅到了大赚一笔的商机……

邓肯决定把握住这个商机。

邓肯花25万美元买下了佛罗德斯的专利和工厂。

别把所有鸡蛋放在一个篮子里呦。

那时候，这可是一笔巨款。

邓肯又跑到南加州的菲裔居住地，找到当地的悠悠球高手并雇佣了他们。

嘿！小伙子们！

我这儿有个赚大钱的好机会！

他请这些高手去全美各地巡回展示，用炫目的技巧吸引附近的孩子，再引导他们到旁边的玩具店购买悠悠球。

TOY STORE

嗖！

这个方法大获成功。

美国上下掀起了悠悠球热潮。

二战后接连不断的电视广告，又将邓肯的悠悠球推上新高度。

到了20世纪60年代，邓肯的工厂每天能生产六万个悠悠球。

咚咚！ 咔嚓

哐！ 哐！

当时美国每五个悠悠球中有四个是邓肯牌的。

但1965年邓肯的公司失去了"悠悠球"这三个字的版权，因为法官认为这是菲律宾人对于这个玩具的通用叫法。

我会告诉你什么才是通用叫法……

随后，悠悠球热潮也平息下来，留给邓肯公司的只有大量债务和一座巨大的废弃工厂。

咚咚 哐！ 哐！ 噼啪……

DUNCAN

悠悠球曾大受欢迎，但这家公司却以破产告终。

更简史 BRIEFER HISTORIES

世界上最贵的悠悠球在1992年以16000美元卖出，上面有理查德·尼克松的签名，虽然众所周知他毫不擅长这个玩具。

威灵顿公爵和拿破仑都喜欢玩悠悠球，可惜历史记载里没说他们之间有过滑铁卢"悠悠球之战"。

彩虹圈
SLINKYS

1943年，理查德·T.詹姆斯还是一名严谨的海军工程师，他的工作是专门研发对抗风浪的抗震仪器。

啵

一次在海上工作时，不知道是因为部件相互挤压还是轮船颠簸，一根大弹簧从他的桌子里蹦了出来。

理查德看到它在向前移动，大为吃惊。

喔！快看它在走呢。

弹弹弹~

于是他把这根弹簧拿去给妻子贝蒂看。

哦，亲爱的！快看我手里拿的是啥！

咣当

贝蒂完全无感。

你在开玩笑吗，理查德。一根弹簧？？

理查德依然热情满满。他用不同的钢丝做实验……

要迟到咯！要迟到咯！

最后终于做出了一个可以顺畅下楼梯的弹簧成品。

理查德拿着它展示给孩子们看。当贝蒂看到孩子们的反应时，她立即成了这个好玩意儿的忠实信徒。

嘿！快看它在走呢。

贝蒂翻阅字典，想给它取个好听的名字，最后定为"机灵鬼彩虹圈"，因为这能让她想起它下坡时可爱的样子。

不知道为啥，我还是觉得叫"扭转弹簧"比较好。听起来多有趣味！

DICTIONARY

这对夫妻开了家公司，生产出400个彩虹圈，试图卖给商店。

开玩笑吗，先生太太？一根弹簧？

是会走路的弹簧！

这次尝试的结果并不理想。

1945年11月，他们迎来了巨大转机。费城的金贝尔百货商场允许他们在柜台边摆放一个斜面，展示他们的产品。

嘘！

Slinky $1.00

贝蒂和一个朋友假装成顾客来捧场。

彩虹圈在90分钟内被疯狂的顾客抢购一空。

两年内，彩虹圈销量奇迹般地超过一亿个。

不过理查德对待成功的方式比较奇怪。他在家人面前撕碎钞票，告诉他们钱对他来讲没有任何意义。

他很快将大部分利润捐给一个福音派组织，这个组织专门负责将《圣经》翻译成鲜为人知的土著语言。

1960年的一个早晨，理查德从楼上下来，宣布了一个重大的决定。

不久后，理查德家开始面临财政危机。

妻子贝蒂
并不买账。

于是理查德离开妻子和六个孩子，留下破碎的婚姻和破产的彩虹圈公司，独自搭乘飞往玻利维亚的飞机。

呃，看啊，他在走呢……

贝蒂用38年的时间将彩虹圈打造成20世纪的标志性玩具，并在1998年她80岁高龄的时候带着万贯家财光荣退休。

说真的，不用我动手，它自己就能卖出去。

理查德则于1974年在玻利维亚去世。

更简史 BRIEFER HISTORIES

1952年，一位名为海伦·马斯特的女士设计了弹簧狗。贝蒂立即给予了专利许可。

嚯！

1959年，约翰·凯奇在他创作的一个音乐作品中，加入了一个彩虹圈、一把扫帚和一笼金丝雀。

詹姆斯捐助的福音派译者称，他们将《圣经》翻译成了2800多种语言。

彩虹圈是美国宾夕法尼亚州的官方玩具。

位置见地图。

咖啡过滤器
P80

垃圾桶
P84

特百惠保鲜盒

TUPPERWARE

在1954年的特百惠庆典上，几百个女人在美国佛罗里达州的一片湿地中挖宝。

貂皮大衣一件！

金表一块！

新车一辆？！

这些女人都是特百惠的经销商，这次庆典是对她们在家庭派对上达成高销量的一次嘉奖。

来，我给大家介绍一下塑料。

而这次湿地挖宝的奖品总额高达七万美元。

新车一辆！！

这次庆典以及它所庆祝的特百惠保鲜盒在家庭派对上达成的高销量，都是这家容器公司副总的智慧结晶，她的名字叫布朗妮·怀斯。

给她们来辆新车！

特百惠保鲜盒是用一种工业副产品聚乙烯渣制作出来的。

1938年，厄尔·塔珀发现了一种方法，能从废渣中提炼出柔韧耐用的塑料材料。

这种工业副产品太有潜力了！

八年后，塔珀又找出了把塑料做成容器的方法。

后来他用自己的名字将其命名为"塔珀盒子"，音译作"特百惠"。

本来也想叫聚乙烯盒子来着。

嘣

但特百惠销量不佳。

要不叫它废渣盒子试试？

GENERA
STO

大家习惯了使用玻璃或陶瓷容器，而且如何盖好特百惠的盖子也不是人人都会的。

$&#@！

噢！

后来，布朗妮·怀斯的加入改变了这一切。

怀斯以前在家庭派对上销售清洁产品。她擅长营销，但当时的老板声称自己绝对不会把女员工提拔成主管。

我坚持我的观点，女人怎么都比不过男人。

我相信你应该知道我在说什么。

布朗妮·怀斯于是另谋高就，找到了特百惠公司。

1949年，怀斯开始在家庭派对上销售特百惠保鲜盒，以便展示盖子的使用方法。

来，我给大家介绍一下塑料。

布朗尼·怀斯实在是个销售天才，不到一年，她的销售额达到了15万美元。

而且你压根儿没提废渣？

塔珀于是将她提拔为销售部经理。

怀斯成功地将特百惠的家庭派对销售模式推广到全国。

她将自己塑造成特百惠品牌大使，以个人形象的力量将产品销量推向了最高点。

哼！几乎没提"塔珀"两个字！

但是，她的迅速成功里也埋下了失败的种子。

失败的种子？啥？？

啊呀

怀斯成为品牌门面，塔珀并不乐见。他们开始了争执。

拜托！这是特百惠，不是"怀斯惠"！

扔！

1958年，恼羞成怒的塔珀突然解雇了怀斯。

他将怀斯从特百惠的公司历史中抹去，埋掉了几百本怀斯写的回忆录。

是特！百！惠！听到了吗！

哎哟！

后来他又把怀斯从公司住房里赶了出去。怀斯起诉了他，但只得到了一年工资作为安置费。

是特！百！惠！！！！

老天爷啊！

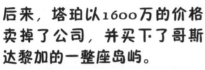

后来，塔珀以1600万的价格卖掉了公司，并买下了哥斯达黎加的一整座岛屿。

还是特百惠！！！

嗯……这就是真实发生的故事。

我很抱歉。

怀斯又开了几家销售公司，但是没有搞出太大名堂。最终，她成了一位陶艺师。

更简史 BRIEFER HISTORIES

特百惠不是厄尔·塔珀唯一的发明，他还发明过不漏冰激凌的蛋筒和用鱼作为动力的船。

塔珀蛋筒和塔珀船！！

销售特百惠让许多美国女性能够赚钱养家，免受20世纪50年代对于女性性别的束缚。

微波炉

MICROWAVE OVENS

那是1945年二战即将结束前的一天，雷达工程师珀西·斯宾塞突然感觉肚子饿极了。

咕噜咕噜

斯宾塞从口袋里掏出一块巧克力……

……却发现它已经融化了。

啊噢！

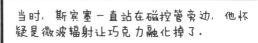

当时，斯宾塞一直站在磁控管旁边，他怀疑是微波辐射让巧克力融化掉了。

斯宾塞供职的美国雷神公司长期为美国军方供应使用于雷达系统中的空腔磁控管。

这使得美国军队与德日敌军相比，在战场作战时具有决定性优势。

但斯宾塞却被空腔磁控管融化食物的新功能所吸引。

他拿来一把玉米粒，撒在那台机器前面。

一切都是因为科研精神嘛！

天啊！

试验结果非常激动人心。

砰！ 砰！ 砰！ 砰！ 砰！ 砰！ 砰！

斯宾塞在茶壶上钻开了一个洞，放入一枚鸡蛋，叫来同事一起观看。

怎么到处都是爆米花啊？

嘘！

我们在做实验！

咕嘟～ 咕嘟～

实验结果又一次非常惊人。

哇，多明显的商业应用性啊！

四处飞溅！

于是，雷神公司让斯宾塞负责研发商业化的微波技术产品。

好吧，看来布丁也会爆炸。

两年内，他们做出了一台微波炉样机。

珀西·斯宾塞不断尝试用它做各种食物。

一切都是因为科研精神嘛!

从爆米花包装袋到微波烤龙虾法, 各种专利上都写有珀西·斯宾塞的名字.

更简史 BRIEFER HISTORIES

斯宾塞从他的微波炉发明中只得到了两美元的酬劳.

但我发现的是烤龙虾啊!

非常值得!

高中都没有毕业的斯宾塞共获得过300多项专利.

市面上第一台微波炉有340千克重, 立起来近1.8米高.

不久后, 小型微波炉出现, 销量超过了传统烤箱.

咖啡过滤器
COFFEE FILTERS

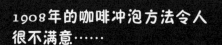

1908年的咖啡冲泡方法令人很不满意……

喝完咖啡，大量咖啡渣会残留在杯底。

34岁的德国主妇梅丽塔·本茨早就受够了。

我……必须喝到更好的咖啡。

…… 妈妈？

本茨从儿子的作业笔记本上撕下一张吸墨纸……

接着，她在小铜锅的底部打了好几个小洞。

本茨把吸墨纸放在铜锅里，加入碎咖啡豆，再倒入热水冲泡。

① 咖啡在小锅中冲泡。

② 但只有液体能透过吸墨纸慢慢地滴出。

③ 这样泡出的咖啡不那么苦，也没有碎渣。

就这样，咖啡过滤器诞生啦！

本苿申请了专利，设计出一个咖啡冲泡装置，并且成立了一家公司专门进行生产。

她雇来自己的丈夫和两个儿子作为公司的初始员工。

更好的咖啡！

本苿的咖啡过滤器在德累斯顿国际卫生展上斩获金牌。

不久后便售出上万台。

更好的咖啡！！

啧啧 啧啧

但好景不长，四年后第一次世界大战爆发了。

本苿的丈夫应征入伍，她的工厂也被强制要求制造齐柏林飞艇。

Geschlossen

抱歉，现在造飞艇才是第一位的。

一战以德国战败告终，本茨的公司迅速恢复生机，扩大生产。

更好的咖啡？

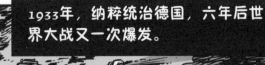

1933年，纳粹统治德国，六年后世界大战又一次爆发。

本茨的工厂再次被迫停产，被强征去制造军用物资。

我个人更爱喝茶。

纳粹战败后，工厂又被盟军霸占了。

天啊，拜托！

CLOSED

但梅丽塔·本茨没有放弃咖啡机，随着德国经济回归正轨，她逐渐重振公司旗鼓。

更好的……咖啡……

1950年，梅丽塔·本茨去世。七年后，她的公司终于夺回了原本属于自己的工厂。

更简史 BRIEFER HISTORIES

1674年，英国女性声称咖啡导致丈夫阳痿，发出请愿反对咖啡。

没错，就是咖啡的问题。

咳！

没错。

世界上最昂贵的猫屎咖啡，是一种被香猫吃掉后再随粪便排出的咖啡豆。这种香猫长相奇怪，有点像猫、鼠和浣熊的综合体。

垃圾桶
TRASH CANS

莉莲·穆勒·吉尔布雷思是个高效率女强人。当然，她也是被生活逼出来的。

亲爱的，你看完编辑返给我们的手稿了吗？

马上来啦！

等我再换五片尿布。

1922年的她已是一位成功作家，一位受人尊敬的心理学家和工程师，拥有一个硕士学位和一个博士学位，还是11个孩子的母亲。

莉莲和丈夫弗兰克都是倡导用动作研究来提升工业效率的开拓者。

不，不，我是说更快更好，同时做到。

而且从现在开始！

吉尔布雷思夫妇用自己的孩子做实验，排查他们研究方法中可能存在的问题。

你看，如果提前把肥皂涂在毛巾上，能省四秒。

前提是他们不哭……

这对夫妇创立了吉尔布雷思管理咨询公司。

您是说员工让人头痛？

那您肯定没见过小孩儿……

他们的管理方法广受欢迎。

然而1924年，弗兰克心脏病发，猝然离世。

心碎的莉莲意识到自己还要养大11个孩子，管好一家咨询公司。

只有一种方法能改善现状——

那就是再高效一点。

呜哇……

哼！哼！

她从未停下脚步，哪怕一分一秒。

莉莲开始为大公司提供咨询，比如梅西百货和强生公司。

不不，我是说更快更好，同时做到。

而且从现在开始！

1929年，莉莲开始把目光转向厨房，提升那里的效率。

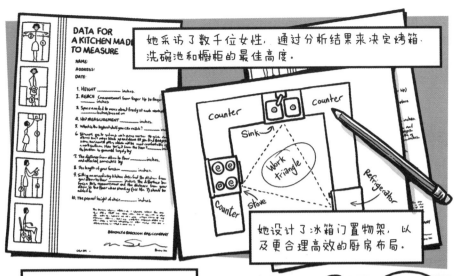

她采访了数千位女性，通过分析结果来决定烤箱、洗碗池和橱柜的最佳高度。

她设计了冰箱门置物架，以及更合理高效的厨房布局。

经过莉莲的测量，做一个酥饼蛋糕需要在厨房里折返的步数减少了三分之二。

我有如神助！

莉莲所有的厨房实用发明中，沿用最久的当属脚踏式垃圾桶。

过去人们得用手拿着垃圾，弯腰打开脏脏的垃圾桶盖子……

呃！

……而莉莲的设计让毛垃圾变得干净优雅。

而且高效！

脚踏式垃圾桶很快流行起来，迅速占领了全美国的厨房，并且沿用至今。

好笑的是，莉莲自己却非常讨厌烹饪，她尽量避免进厨房。

你能想象给11个孩子做饭吗？

真正的地狱啊。

她的两个孩子合著了家庭回忆录。

这么好的故事，我们会放着不写吗？

其中《儿女一箩筐》出版于1948年，《群梦乱飞》出版于1950年。

两本书后来都被改编成热门电影。莉莲波澜不惊。

著名的高效专家。真是神奇的年代。

莉莲还设计了卫生棉和卫生桌子，成为教授并进入美国女童子军董事会，在二战期间为美国海军提供咨询，于1972年逝世，享年93岁。

可能还可以多做点事情……

不过已经是不错的人生成绩单啦。

更简史 BRIEFER HISTORIES

莉莲本来可以拿到两个博士学位，但其中一个因为实习期中断被取消了。于是她把博士论文出版，成为了畅销书。

THE PSYCHOLOGY OF MANAGEMENT

L.M. GILBRETH

《儿女一箩筐》在2003年被史蒂夫·马丁改编成电影作品，但除了标题一样，电影和吉尔布雷思一家人的故事并不相同。

莉莲还曾供职于胡佛总统和杜鲁门总统的行政部门，以及化学战争委员会。

怕你们觉得我太懒散。

在16世纪日本战国时代的后期，茶文化备受人们推崇。

经历了两个世纪的战乱，人们太需要这样复杂的仪式来抚慰心灵。

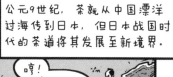

公元9世纪，茶就从中国漂洋过海传到日本，但日本战国时代的茶道将其发展至新境界。

嗯！真外行。

显摆。

首先，这套茶道需要耗时几小时。

我要抽筋了！

嘘！

日本皇室雇专人品鉴茶叶，从60余种茶中挑出最好的。

啊，这种有点……浓？

茶道仪式中还要进行哲学探讨……

世界的真正本质是什么？

这个有点难讲。

每一步动作都有精准的规定……

……还有程式化的寒暄。

孩子们最近好吗？

呃，你动作错了。

1610年，荷兰商人第一次了解到日本茶道时惊呆了。

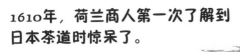

而且他们竟然不会起夜尿尿！

简直神了！

荷兰人开始进口茶叶（多从中国进口），但把复杂的禅宗仪式换成了闲聊和吃茶点。

世界的真正本质是什么？

你动作错了。

直到17世纪60年代，查理二世娶了一位爱喝茶的葡萄牙公主，茶才传到英国。

发现了吗？皇室喜欢什么，人们就爱追捧什么。

嘖！嘖！

但英国人不喝茶则已，一喝就着迷了。

颤抖

天哪！

91

1664年，英国东印度公司在中国下了第一笔茶叶订单。

不知道为啥，我总觉得大事不妙……

此后40年间，东亚与欧洲的贸易往来中有四分之三是茶叶。

甚至连瓷质茶具也成了最赚钱的出口商品之一。

就这样，东西方之间巨大的贸易失衡出现了。

说，你花了多少钱买茶？！

英国的白银储备被大量运往中国，换回茶叶。

茶叶真是从茶树上长出来的哎，好厉害。

但中国人对欧洲的进口货毫无兴趣。

廉价的外国赝品！

是的，看来这个办法可行。

面对这个问题，英国人想到了鸦片。

英国人在他们南亚的殖民地种植鸦片……

然后让尽可能多的中国人染上毒瘾。

目的就是为了向中国倾销鸦片来抵销茶叶带来的贸易失衡。

嘶嘶

这个办法简直是"双赢"嘛。

呼哧 呼哧

后来，鸦片战争爆发了。

中国战败，鸦片贸易仍未停息，给清朝皇帝留下了屈辱的阴影。

天啊，我怎么也想不到会是这样可怕的结局……

更简史 BRIEFER HISTORIES

在中国关于禅茶起源的传说里，达摩祖师面壁时割下眼皮，扔于地上，长成了一株矮茶树。

痛啊！

16世纪80年代，千利休发展出复杂的日本茶道，忤逆了幕府将军的意思，被下令自尽了。但他人生做的最后一件事仍是奉茶。

人工 ARTIFICIAL SWEETENERS
甜味剂

1879年的一天，德国化学家康斯坦丁·发哈伯格没洗手就坐下吃东西了。

他惊讶地发现自己放嘴里的每样东西都特别甜！

天呀！就像糖一样！

发哈伯格意识到是他实验时用过的一种煤焦油物质沾在了手指上……

……但他并不确定是哪一种物质吃起来是甜的！

于是他试喝了实验室里每一个烧杯里的液体。

咕噜

这杯很美味!

万幸的是,那些液体恰好都没毒。

其中一个烧杯中装着一种神奇的新发明,最早的人工甜味剂——糖精。

现在被用于低脂糖中。

众所周知,化学实验品是不能尝的。所以你可能以为这种事没再发生过。

然而,类似的事情又发生了三次!

嘬
真的?

嗯,没错!

第二次尝试

1937年的一天，迈克尔·斯维达完成实验后，在抽烟时尝到了烟上的甜味，于是发现了甜蜜素（低脂糖*）。

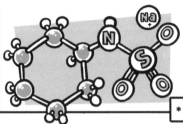

这支烟真美味！

*在加拿大作为低脂糖使用。美国禁用甜蜜素。

第三次尝试

1965年的一天，化学家詹姆斯·施拉特舔了舔手指想翻开一张纸，然后发现了阿斯巴甜（纽特健康糖和怡口糖）。

这张纸真美味！

第四次尝试

1976年的一天，莱斯利·霍夫让他的学生沙施康特·潘迪斯去测试一种氯化蔗糖，潘迪斯把测试（test）错听成品尝（taste），吃了一口。于是他们发现了蔗糖素（三氯蔗糖）。

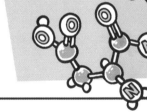

氯化蔗糖真美味！

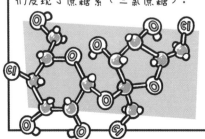

更简史 BRIEFER HISTORIES

古罗马人把醋酸铅当成糖用,给食物调味,结果毒死了一位教皇.

糖精的甜度是糖的300倍,甜蜜素是30倍,阿斯巴甜是160倍,蔗糖素则有600倍!

因为导致小白鼠患癌,糖精在1977年几乎被禁.但人们后来发现这种癌症只有小白鼠会得,不会影响到人类.

好吧,恭喜你们.但我开心不起来.

本杰明·艾森斯塔特发明了包装人工甜味剂的纸袋……但是忘记申请专利了.

兄弟们,我们成立一个"没专利"俱乐部好了.

97

肉桂 CINNAMON

在公元1世纪的罗马，同等重量的肉桂要比白银贵14倍。

但将肉桂带到古欧洲的阿拉伯商人对其所定的高价理直气壮.

商人们告诉买主，食肉的巨鹰会用肉桂枝在巨石顶部筑巢。

阿拉伯人扔去大块的牛肉，饥饿的巨鹰就会飞来叨肉回巢。

肉块砸在巢上，使肉桂条松动掉落。

四处飞溅

人们就赶快去拾起这珍贵的香料。

骇人听闻的巨型食肉鹰故事，让阿拉伯商人在肉桂贸易中叱咤了两千年。

直到1505年，葡萄牙船队到达斯里兰卡，发现了肉桂的真实来源，这一切才真正结束。

面对肉桂高昂的价格，葡萄牙人决定去掉中间商。

他们废掉斯里兰卡当地的国王，侵占了岛屿……

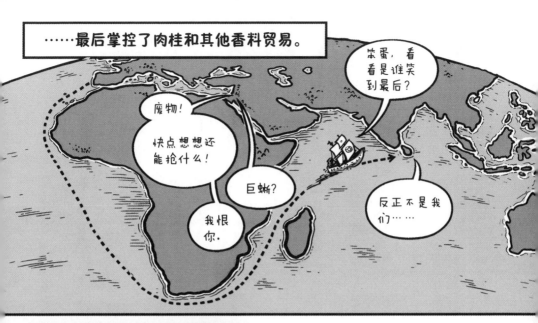

……最后掌控了肉桂和其他香料贸易。

更简史 BRIEFER HISTORIES

罗马皇帝尼禄给死去的妻子烧了一整年量的肉桂。对了，妻子是被他自己打死的。

在《出埃及记》中，上帝让摩西将肉桂、没药、决明和菖蒲与橄榄油混合，倒入约柜。

现在常见的肉桂多产自中国的桂树，而不是斯里兰卡的"真肉桂"。"真肉桂"都被墨西哥人买去做美味巧克力啦。

2012年，吞下一大勺肉桂粉然后被呛到的视频在YouTube上火了一阵子。

咖啡豆
COFFEE BEANS

传说，一个叫卡尔迪的埃塞俄比亚牧羊人偶然间发现了咖啡豆的功效。

太奇怪了，羊不该这么兴奋啊。

嚼

嚼

旋转

跳跃

牧羊人卡尔迪发现他的山羊是吃了灌木丛中的某种果子，才有了奇怪表现，于是他自己也尝了尝。

那个……我个人不建议向羊咨询食谱哦。

嚼

这些果子震惊了卡尔迪。

啊呀！

他把这些豆子交给当地修道院，但院长说这是魔鬼的果实，下令烧掉。

退到我身后去吧！这魔鬼的果实！

豆子在火中烘烤散发的香气实在诱人，于是修道士们又把豆子从火里抢了出来。

噢！烫！

卡尔迪和羊的故事可能只是传说，但咖啡确实通过也门与埃塞俄比亚的贸易传到了阿拉伯国家。

这次我说的是真的！

嗯！

后来，这种苦味豆逐渐传播开来，但其生产过程始终未公开。

可怕的巨鹰！

嘘！

1616年，荷兰人偷走了几棵咖啡苗，种植咖啡不再是秘密。

这次要相信我！

1723年，一位法国海军军官从路易十四国王的花园里偷走了一棵咖啡苗，越过大西洋将其偷渡到马提尼克。

就把我画在这么小的一格里？

1727年，巴西陆军中尉弗朗西斯科·德梅洛·帕尔西塔被派去解决圭亚那的边境争端。

在给他的花束中，她藏入了一棵咖啡幼苗。

帕尔西塔当年的偷运使得世界历史上最大的咖啡种植国——巴西迈出了第一步。

续杯要0.25元。

COFFEE of the DAY
BRAZILIAN DARK ROAST

在20世纪20年代的巅峰期，巴西咖啡供给量占全世界的80%。巴西目前仍是全球第一大咖啡生产国。

更简史 BRIEFER HISTORIES

大约1600年，克雷芒教皇被要求对咖啡进行遣责，说它是"撒旦用来攫取基督灵魂的陷阱"，但他尝过之后认为，如此美味的东西不可能是邪恶的。

滴答

1670年，一个叫巴巴布丹的人将七棵咖啡苗从也门偷运到印度，他被敬为苏菲派圣人。

1718年，爱尔兰议会禁止了与羊粪混合的咖啡豆。

咖啡难喝别再怪我咯！

1723年，那位法国军官在船上用自己的饮用水浇灌咖啡苗，而且还差点被海盗绑架。

棒极了，我在脚注里又占一格！

该死的海盗！！

办公室

THE OFFICE

曲别针
P108

圆珠笔
P112

纸
P116

曲别针

PAPER CLIPS

在全球所有国家中，挪威人对曲别针特别有好感。

挪威首都奥斯陆还有一座8米高的曲别针雕塑。

一二三，别针！

1999年，挪威发行了一枚曲别针图案的纪念邮票。

Norge 4.00

曲别针甚至还成为了二战期间挪威反抗纳粹的一个标志物。

听起来像玩笑，却是黑暗的现实。

当时，挪威的各种国家标志都被纳粹所禁止，包括挪威国旗、被流放的国王的画像等。

于是，挪威的学生们纷纷在西装领口处佩戴曲别针，表示对纳粹的集体反抗。

反抗专用办公用品！

纳粹很快也禁止了曲别针。

你以为会逃过我们的眼睛吗？

这一切的好感可能都源于曲别针是挪威的标志性发明。

一提起我们，可能首先就想到曲别针吧？

1899年，奥斯陆的一名文员约翰·瓦勒每天要处理大量的工作文件。

要有个更好的系统才行！

于是瓦勒发明了曲别针并取得专利，用它将纸张文件归置得更有条理。

简直是挪威办公室界的发明天才！

109

不过上面提到的雕塑、邮票和领口佩戴的曲别针的样子，都与最初瓦勒发明的曲别针不同。

其实约翰·瓦勒也不算是第一个发明曲别针的人。

19世纪80年代，有人可能已经发明了"珍宝"曲别针，不过没人知道发明者是谁，也没人为它申请专利。

我们如今常用的"珍宝"曲别针在1899年前就存在了。

1894年广告

DON'T MUTILATE YOUR PAPER
with pins or fasteners, but use the
GEM + PAPER + CLIP
Only satisfactory device for temporary attachment of all kinds of papers. Quickly applied and removed.
25 Cents a Box.
Cushman & Denison, 172 9th Ave., N.Y

要有个更好的系统才行！

好吧，我没觉得这个形状有多好看呀。

挪威是后来才在曲别针界崭露头角的。不过瓦勒在亲自发明之前应该没有见过曲别针。

有时候就会出现这种状况，两个人想到同一个好点子！

真的！就跟商量好的一样！

但不可否认的是"珍宝"曲别针确实比瓦勒设计得更好。

于是它很快在斯堪的纳维亚半岛流行起来，而瓦勒发明的曲别针甚至都没得到生产的机会。

干吗要弯成那样呢？

扔~

20世纪20年代，挪威专利研究员哈尔瓦德·福斯在一份德国档案中发现了瓦勒的专利，以为上面指的是"珍宝"曲别针的发明，于是将约翰·瓦勒认定为我们现今所用的曲别针的发明者。

哇，伟大的挪威发明！

瓦勒1910年就已经去世，无法站出来纠正这个错误了。

瓦勒的故事就此流传开来，曲别针变成了挪威的国家象征，而曾经的事实早已没人在意。

更简史 BRIEFER HISTORIES

不是故意往伤口上撒盐……但当时反抗纳粹的学生们可能也没把瓦勒当成发明者，他的故事是二战后才广为人知的。

咳……

2004年，加州大学戴维斯分校的学生丹·迈耶在24小时内制作了一条1628米长的曲别针链，创造了吉尼斯世界纪录。八年后，他的校友杰斯特·泽西花一年时间练习，并打破了这项纪录。

塞缪尔·费伊在1867年发明了世界上的第一枚曲别针，不过使用效果不太好。所以，"珍宝"也不是首创。

后来又有各式各样的曲别针出现并获得专利，但是都没有像"珍宝"那样流行起来。

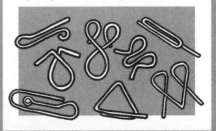

圆珠笔

BALLPOINT PENS

1945年10月29日，5000多人蜂拥至纽约金贝尔百货，他们都为同一件东西而来。

圆珠笔！！！

金贝尔百货在一天内售空了10000支笔，每支售价12.5美元！

圆珠笔哦！

OFFICE

圆珠笔的热潮瞬间袭卷了整个纽约。

短短七年前，这种笔在一个离纽约很远很远的地方被人发明出来。

匈牙利

匈牙利籍的犹太记者拉斯洛·拜罗住在布达佩斯，他发现印报油墨比他的钢笔墨水干得快多了。

我的天。

这种油墨太神奇了！

NEWS
Germany invades
Sudetenland!

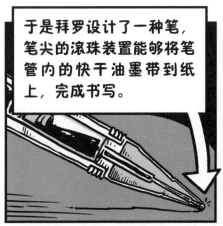

于是拜罗设计了一种笔，笔尖的滚珠装置能够将笔管内的快干油墨带到纸上，完成书写。

后来纳粹横扫欧洲，拜罗卖掉了自己的一切，随家人逃亡到南美洲。

他在阿根廷开店，让他设计的圆珠笔流行起来。

BIRO PENS

美国人弥尔顿·雷诺兹恰好在布宜诺斯艾利斯路过了他的店，买了一些圆珠笔带回美国。

模仿是最虔诚的夸赞嘛！

对吧？

雷诺兹仿照拜罗的设计，并将这种笔投入量产。

金贝尔百货的"圆珠笔大抢购事件"让雷诺兹的产品成为一股风潮。

几个月后，雷诺兹的笔在美国市场已全面超越拜罗。

我好不容易才从纳粹魔掌里逃出去……

没事啦！这是我对你的夸赞！

新的制笔公司纷纷涌现，渴望从这场热潮中分一杯羹。

营销宣传越来越离谱。

我们的笔两年内无须灌墨水！

我们的能在水下写字！

我们的能倒立着写！

我们的能发射激光！

你确定吗？

宣传得再疯狂，都掩盖不了当时圆珠笔技术糟糕的事实。

写字时，笔尖漏墨染得到处都是，还会划破纸张。

Ballpoint PENS

三个月过去，一支圆珠笔已从之前的12.5美元降价到50美分。

1951年，圆珠笔的热潮似乎走到了尽头。

飞溅！

啪！

呀！

噗嘘！

雷诺兹卖掉了他的公司。

是时候撤啦！

后来，优化过的圆珠笔终于出现，公众又开始了新一轮购买。

只是，这次不再是蜂拥抢购了。

GIMBELS

New IMPROVED Ballpoint Pens
Better this time! "Less tearing!"

我们当时到底在激动什么啊？？

更简史 BRIEFER HISTORIES

在英国、澳大利亚等国家的人们心里，最熟悉的圆珠笔是拜罗发明的。

小小的胜利而已，但还是很开心！

1965年，保罗·费舍尔发明了"太空笔"，能在失重状态下写字，NASA以每支6美元的价格买下了400支。

20世纪30年代，干劲十足的圆珠笔推销员会在客户的衬衫上乱画一通，然后向其保证，如果油墨洗不掉就赔他一件新的。

一支比克圆珠笔的墨水可以画一条3.2千米长的线。一开始你可能还真不信呢。

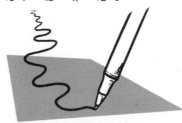

在大约公元1世纪的中国，宦官蔡伦用树皮、大麻纤维、破渔网和破布发明了现代造纸术。

我们可是很机智的哦。

皇帝为奖赏蔡伦，赐予他高等官位和大量钱财。

呃，对于你以前的遭遇，我深表同情！

但后来，蔡伦在血腥的宫斗中引火烧身，最终服毒自杀。

唉，可能我过于机智了……

当时，造纸工艺是国家机密，只有皇家工匠能够掌握，普通人根本就无从知晓。

你想想，万一这工艺落到坏人手里可怎么办？

岂不是满街都是讲琐碎日用品的小漫画？！

不过在蔡伦自尽的600年后，发生在亚洲中部的一场战争让造纸术不再是秘密。

公元750年，阿拉伯帝国的土地上掀起了一场革命。阿拔斯派夺取政权，新帝国的统治者将注意力转向了东边。

嗯……似乎整个亚洲的好东西都在那儿。

公元751年，阿拔斯王朝的阿拉伯军队闯入了当时中国唐朝的疆土。

亚洲中部对我们双方来讲都不够大。

阿拔斯王朝军队

唐朝军队

将士们！上……

咦？将士们？

唐朝军队突然有三分之二的人叛变，阿拔斯王朝军队取得胜利。

但是阿拔斯王朝获得的可不仅仅是一场简单的胜利而已。

他们的俘虏当中，有两位中国造纸专家。

等等，我可以告诉你们一个大机密！

呃，你们有破渔网吗？

撒马尔罕建起了造纸厂，造纸工艺也传遍了穆斯林世界。

在阿拔斯王朝的首都巴格达，学者们将纸张装订成书籍。

太时髦了！

相比过去，信息的分享与传递突然变得容易多了。而因为纸张，伊斯兰的黄金时代就此到来。

阿拉伯帝国的数学家、哲学家和科学家纷纷开始著书立论，交流理论思想。

希腊经典也得到了大量翻译。

全职作家和书商慢慢成了能够赚钱养家的行当。

公元9世纪中期，巴格达图书馆拥有当时世界上最多的书籍，被称为"智慧宫"。

哇，时髦的称号！

1258年，蒙古人离开了被他们征服了50年的东亚，他们在马背上一路向西驰骋……

阿拔斯王朝的哈里发被裹在毯子里，任马蹄践踏而死。巴格达图书馆里的所有书籍都被丢入底格里斯河，河水被书墨染成了黑色。

更简史 BRIEFER HISTORIES

据估计，有三四千万条生命在占领巴格达的战争中死去。

造纸术早在蔡伦之前就已存在，但他的工艺使大规模造纸得以实现。人们专门修建了一座庙宇纪念他。

造纸术经由占领西班牙的穆斯林王国传到欧洲。欧洲人利用水力造纸厂实现了造纸工业化。

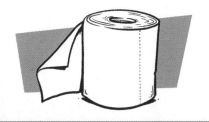

中国人没有满足于只发明书写纸，6世纪又有人发明了厕纸。

铅笔 PENCILS

19世纪，全世界最好的铅笔是
用美国红柏木材制成的。

当时生产铅笔的过程十分浪费，只有红柏木材中的无节心材（约占一棵普通树木的五分之一）才能用来制造铅笔。

要不就直接把其余部分烧掉？

但不是为了取暖哦，就是图一乐。

幸运的是，美国南部的森林里生长着大量红柏树。

这种木材非常普遍，农民们常用它来建造谷仓和篱笆。

嘿，我们可不只用它的五分之一。

美国制造了数以百万计的铅笔出口全球其他国家。

咔嚓！咔嚓！咔嚓！

好在我们有数不清的柏树。

咔嚓！咔嚓！咔嚓！咔嚓！

到了19世纪末，美国红柏树的供应量大幅下降。

好吧，谁能预料到是这番景象呢？

美国人顿感恐慌。

德国铅笔大亨在巴伐利亚州种植大片红柏林，但在异国的气候里，它们生长得歪歪曲曲。

呜嗷！

人们在佐治亚州的小圣西蒙岛发现了红柏树，铅笔公司买下了整座岛屿，却发现那里的木材质量欠佳。

不过我们现在有一座小岛！ 不错。

由于木材供应量过低，铅笔行业代理开始在全美范围内搜寻红柏，这些人被称作"红柏搜寻队"。

铅什么笔？

给你三分钟解释为什么要拆了我的篱笆！

救命！

他们买下由红柏木材制成的旧篱笆桩和谷仓棚，送回工厂去重新加工成铅笔。

铅笔制造商和美国林务局都在寻找能替代红柏的木材。

资源危机促成了奇怪的伙伴组合。

1925年前后，终于有替代木材出现啦！翠柏制造的铅笔质量好，在西部山区数量充裕而且易于生长。

赞！我们可以买下整座山吗？

只有一个
问题……

山不对外出售？

这个问题就是翠柏木材的颜色与红柏不同，而消费者已经把红柏的颜色同优质铅笔挂钩。

哦，那就染色嘛！小事！

我可是老江湖了。

就是因为这个历史原因，直到今天，我们所使用的铅笔都还要被染成一百多年前的颜色。

更简史 BRIEFER HISTORIES

二战期间，英国禁用卷笔刀，因为它会浪费木材和石墨。

我们都要尽一份力！

先前，几乎所有的石墨都是从英国的巴罗山谷开采的。后来人们在西伯利亚发现了新的岩脉，还兴起了驯鹿采矿的方式。

讨厌！

爱迪生喜欢用短铅笔，有一家铅笔厂专门为他生产。

怎么啦，他们用的灯泡都是我发明的。

橡皮的出现让老师们感到恐慌，他们觉得如果学生有机会改正错误，学习效果就会变差。

出错一次，你被淘汰了！

AB
FGH

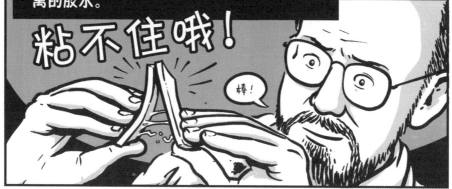

1968年，3M公司的化学工作者斯宾塞·西尔韦发明了一种把东西粘住后还可分离的胶水。

西尔韦觉得这种胶水肯定有某种用处，但一时没有想出来怎么用。于是，他去找同事寻求帮助。

西尔韦花了六年时间研究这种胶水，想看它到底能够解决什么问题。

而同时，3M公司的另一位产品开发设计师亚瑟·弗莱也遇到了一个麻烦。

呃，不过说成"麻烦"似乎有点夸张了。

但要是说成"与唱诗班有关的小烦恼"可能又不够严肃。

弗莱参加了教堂唱诗班，可他用来标记赞美诗的纸书签总是从歌本上掉下来。

1974年，弗莱碰巧出席了一场斯宾塞·西尔韦的可分离胶水介绍会。

叮！

粘不住哦！

你可以粘住，撕下来，再粘住！

无聊！

西尔韦的解决方案终于和弗莱的烦恼相遇了。

弗莱在书签的一面涂上这种胶水，粘在歌本上，但又能轻易撕下来再用。

我在想，除了用在赞美诗集上，这胶水还能有哪些用途？

粘不住哦！

他把这个想法告诉了西尔韦。

他们两人花了六年的时间，将最初的想法变成切实可行的产品。

来，我们给大家讲讲这种书签……

但是3M公司并不知道该如何营销这种产品。

1977年，公司把这个产品介绍为"可贴可撕"，但是惨遭失败。

不会一直粘住哦！

SALE! 50%-75% off!

他们放弃了这个方案。

1980年，这个产品以新名字"便利贴"重新面世。

爱达荷州

冲啊！

这一次，3M公司决定主攻博伊西市，要打一场闪电战。

这次营销策略包括在美国爱达荷州的博伊西市免费赠送大量便利贴。

在这里行得通，那在全世界都行得通！

FREE!

没人跟免费的东西过不去。

于是大家开始使用这种可贴可撕的便条。

Jeff, stop eating my lasagna! There will be consequences!!

而且已经离不开它了。

没有便利贴的年代我们到底怎么过的啊？

就这样，便利贴卖疯了。

更简史 BRIEFER HISTORIES

目前最贵的便利贴上有美国艺术家R.B.奇塔伊的画作，在2000年拍卖出超过1000美元的高价。

便利贴布告栏也是一款早期产品，可以将便利贴粘在上面，但是销售效果不佳。

最早的便利贴之所以是黄色的，是因为当时手边正好有黄色的小纸条。

那……为啥手边会有黄色的小纸条啊？

网上流行过一种奇怪的行为：用便利贴贴满别人的车，再拍下车主的反应传到网上。

该死的互联网！！

拿邮局开涮是英国人西奥多·胡克偶然间想到的主意。

1810年，胡克寄出上千封信，要求不同的收信人在同一天上门服务或进行送货，每封信都署名伯纳街54号的托特纳姆夫人。

卖假发的、卖眼镜的，以及搬运工人都蜂拥至托特纳姆夫人家要求进门，还有六个男人抬着管风琴出现在她家门前。

伦敦市长也来了。

最令人无语的是，胡克其实根本不认识这位夫人。

恶搞不一定需要认识当事人啊！

这场骚乱引起了严重的交通阻塞，几乎致使伦敦的这一重要街区暂停运转。

这场闹剧就是后来臭名昭著的"伯纳街恶作剧"，肇事者胡克曾被怀疑过，但后来没有受到审讯。

1840年，也就是在"伯纳街恶作剧"发生的30年后，英国出现了世界上第一枚舔后即可粘贴的邮票。

每张邮票一便士，颜色为黑色。

于是这张邮票被人们称作"黑便士"。

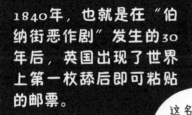

这名字真是太·太·太有想象力了，亲们。

维多利亚女王！

现代邮票的出现是重大的历史事件，生性顽劣的西奥多·胡克怎么会放过这么好的恶作剧机会呢。

嘻嘻！对呀，绝不能放过哦。

因为这个恶作剧，西奥多·胡克无意间发明了明信片。

他的明信片在2002年卖了大约50000美元。

比"黑便士"贵多了！

嘻嘻……我发明了啥？

更简史 BRIEFER HISTORIES

在捉弄邮局之前，胡克还是一个喜剧创作者，一位受尊敬的讽刺作家。

但恶搞邮递员是我的最爱！

20世纪30年代，情色卡通图案的明信片在英国一度风靡，年销售额达到1600万张，但在50年代被禁止了。

"If you were a doctor, I could show you something that would astonish you!"

收藏明信片的行为被称作"deltiology"（明信片学），这在希腊语中是"研究手写小卡片"的意思。

和"黑便士"同时期发行的还有"蓝便士"，这种邮票印成蓝色，面额两便士。

又一个杀手级的名字。

纸袋
PAPER BAGS

摇摇晃晃

19世纪的纸袋都像大信封一样。

这也就是说，如果把纸袋放在地上，它就会翻倒，把东西撒出来。

噢！

好吧，这有点太蠢了。

嗨！ 嗨！ 嗨！

玛格丽特·奈特决定为此做点什么。

奈特觉得平底纸袋更方便，但是需要一个能批量生产纸袋的机器。

沙沙沙

M. Knight's Notes on Bags

对于玛格丽特·奈特来说，发明机械并不是什么难事。

奈特是在纺织厂里工作着长大的。

噢！这19世纪的童年啊！

咔嚓 咔嚓 咔嚓 咔嚓

小时候她曾目睹过一个工友被松动的梭子砸成残疾。

咔咔 哐当！

救命啊！

飞溅！

所以12岁时，她就发明了一个制动装置，以避免类似悲剧再次发生。

沙沙沙 沙沙沙

没过几年，整个纺织业都采用了这种制动装置。

咔嚓 咔嚓 咔嚓

万岁！

但是奈特并没有申请专利，也就没有得到任何报酬。

至少工伤减少了。

不管了，继续讲纸袋机！奈特简单画了一个设计图，去机械修理铺找人做出来。

Ye Olde Machine Shoppe

结果却发现安南已经申请了一个一模一样的专利！

奈特找到自己的设计手记、日记以及一群来自机械修理铺的目击证人，来证明纸袋机是她发明的。

1870年，**法庭判她胜诉，归还了专利。**

不是说女性的大脑不够用吗？混蛋！

哪！

我得走了，赶着去下一个地方偷窥。

奈特成为了美国历史上第一位在专利案中胜诉的女性，也确立了她"现代纸袋之母"的地位。

更简史 BRIEFER HISTORIES

直到76岁去世之前，玛格丽特·奈特陆续获得了27项发明专利，从改良内燃机到鞋底切割机应有尽有。

看到了吧，安南……

看到了吧。

奈特的纸袋机目前在位于华盛顿的史密森尼美国历史博物馆展出。

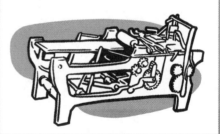

纸袋可以加快水果成熟，因为它能将水果释放的乙烯气体聚集起来，这种化学物改变了水果的颜色、质感和味道。

美国人每年要用掉一百亿个纸袋，相当于要砍伐1400万棵树。

啊，伟大的大自然！

嘿！哈！

方便面
INSTANT RAMEN

1956年，出生在中国台湾的华裔日本人安藤百福不幸破产了。

嗯……我可以赊账吗？

他试过卖房子。

50% OFF!

袜子。

发动机零件。

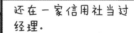

还在一家信用社当过经理。

后来信用社倒闭了。

他最后因逃税被起诉入狱，变得身无分文。

%?$#&@!

我还是去卖发动机零件好了……

穷困潦倒的安藤百福需要一个新的商业计划。

他记起大约十年前，二战后的日本面临严重的食物短缺问题。

咕噜噜

安藤决心寻找一个可以解决世界性饥饿的良方。

让所有人都能吃面。

味溜

味溜

他在后院花园的一间棚屋里实验了一年，想要研究出一种袋装拉面。

伟大的事业总是在花园的棚屋里诞生！

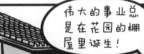

他的实验方法打破了常规。

他尝试过用喷壶把鸡汤洒在糊状的面条上。

结果：更糊了。

1958年，他开发出一套制作流程。

流程很有必要！

咕嘟咕嘟

❶ 煮面。

❷ 下锅炸制。

嗞嗞

晾干。❸

嘶！

❹ 进一步炸制。

这样做会让干面条上出现许多孔隙，一旦加入热水，就能很快变软成形。

安藤的面条最初是作为奢侈品出现在市场上的。

不过随着工艺的成熟，价格很快降了下来，方便面在日本大受欢迎。

我渐渐明白，过去的每一次失败和每一次丢脸，都像是为我的身体增加了更有力的肌肉。

安藤的原话哦。

安藤大获成功。

但是我仍不满足于此……

于是在1966年，他的眼界拓宽，想要喂饱全世界。

面条万岁！！！

在美国，他看到人们把方便面掰成两半放进咖啡杯里，用叉子吃。

美国人就爱这种懒惰的吃法。

味溜味溜

安藤受到启发，开始把方便面装进泡沫塑料杯里。

天哪！他简直是大学生的男神。

就这样，"杯面"成为了全世界最普遍、最受欢迎的食品之一。

味溜 味溜 味溜 味溜

人类是爱面一族！

无论身处何地，只要有热水和叉子，你就可以美餐一顿。

安藤的原话！

安藤在96岁的高龄逝世，他曾说自己几乎每天都吃鸡肉味方便面。

更简史 BRIEFER HISTORIES

安藤选择鸡肉味作为最早的方便面口味，是因为它不违反任何宗教的饮食禁忌。

上帝爱鸡肉！

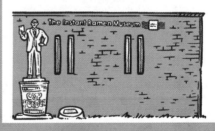

日本大阪有一座方便面博物馆，在那里，你可以用安藤的原始配方亲手做一份杯面。

The Instant Ramen Museum

2005年，安藤开发的一种零重力特殊产品——"太空拉面"被带上了太空。

我的收官之作还不错吧！

全世界的拉面都一样，但口味则各地不同。比如有培根土豆味、墨西哥玉米卷味，还有一种"肉王"口味。

我好像并不想知道那是什么东西……

水果罐头 CANNED FRUIT

她说的是没煮过的水果吗？

1872年，有一个"幽灵"向阿曼达·西奥多莎·琼斯透露了一种制作罐装生水果的秘方。

在此之前，琼斯身上也总是会发生这种神神秘秘的事情。

她自称可以预见未来，能看到"鬼魂"，还准确地预言了自己父亲死亡的时间。

在全家共进晚餐的时候说出来，好像不太受欢迎……

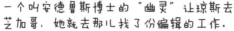

一个叫安德鲁斯博士的"幽灵"让琼斯去芝加哥，她就去那儿找了份编辑的工作。

她生病时，安德鲁斯博士的"幽灵"会深夜降临，用磁化电流将她治愈。

同时，这个"幽灵"告诉琼斯，"天将降大任于你"。

具体是什么还不清楚。

但绝对是大任。来，我先给你讲讲水果罐头的事……

琼斯有帮助女性的心愿，但是一直没有钱实现。然后上天就给她带来了制作罐装水果的秘方……

在"神秘力量"的帮助下，琼斯设计了一台利用真空装置和玻璃罐进行装罐的全新系统。

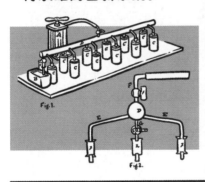

虽然"幽灵"在法律文书和咨询意见上提供了帮助，但琼斯坚称这套加工方法归功于自己，而且已经获得专利。

这是我的哦！

琼斯努力维持机器运转，获得资金，在尔虞我诈的商场沉浮打拼。

当时那个"幽灵"对我说："我来给你讲讲水果罐头的事……"

后来的几年中，她完全放弃了罐头梦，写了很多诗。

嗯……

"真空"跟哪个词押韵？

143

1890年，琼斯创立了"女性罐头公司"，她命中注定的时刻即将到来。

除了烧锅炉的迈克，琼斯的公司都是女性员工。

这得是一个女人专属产业。

不会让任何一个男人掌控我们的股权，打理我们的生意，经手我们的账本，决定我们的工资，管理我们的工厂。

这是琼斯书中的原话。

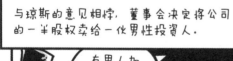

琼斯的水果罐头秘方非常靠谱。短短几年，这家女性公司被无数订单淹没，不断扩大生产。

与琼斯的意见相悖，董事会决定将公司的一半股权卖给一伙男性投资人。

有男人加入又能怎样呢？

这些投资人以女性消费者为市场目标，开始了一次全国性的大宣传。

靠着宣称女性控股经营，他们售出了大量股票，并承诺高额回报。

善良的女性同胞怎么会骗你们呢，对吧？

塞啊塞

当资金如潮水般大量涌入时，琼斯才预感大事不妙。

但即便她找到了美国司法部长，最终还是被投资人赶出了公司。

Women's Canning and Preserving Co.

等一下……

投资人继续借着"女性公司"的噱头大量敛财。

我们不想改掉公司名，不然可能会，

咳咳，

让人感到困惑。

扑棱棱

三年后，琼斯创立的"女性公司"传出丑闻，原本的巨额利润也已不再。

好吧，也许你就应该坚持写诗的……

能不能别提这事，我要去堪萨斯州了。

后来，琼斯来到强克逊城，发明了燃油锅炉，写了一本题为《通灵者自传》的回忆录，后因流感病逝，享年79岁。

更简史 BRIEFER HISTORIES

琼斯还曾在一个叫贾奇·伊芙琳的"幽灵"的引导下写了一份宣言，呼吁宪法改革。

然后"幽灵"说："我们接着说立法机构的问题……"

咳

在《通灵者自传》一书中，琼斯将夺走她公司控制权的投资人称为"小魔鬼"。因为琼斯的关系，他们曾被捕过，但很快就被释放了。

圆筒冰激凌
ICE CREAM CONES

美国圣路易斯！1904年！！

世界博览会！！！

七个月的时间里，有超过1900万人造访了这座城市。

水晶宫可能都自叹不如。

那冰激凌呢？

在圣路易斯的炎炎夏日，冰激凌销量大增。非常感谢！

最开始，冰激凌放在碗里卖。由于生意太好，一个年轻的摊主很快用光了所有的碗。

啊噢！

隔壁的叙利亚摊主欧内斯特·汉威在卖"炸拉比"，一种摊平烘烤的类似华夫饼的中东薄饼。

哇呜~

汉威发现了隔壁摊主的麻烦，立刻行动起来。他把"炸拉比"卷成一个圆筒，建议两人合作。

你看啊，拿一个美味的圆筒，

再把美味的冰激凌装进去。

哇哦！

滴！

圆筒冰激凌大受欢迎。

欧内斯特·汉威掀起了全美人民对圆筒冰激凌的狂热喜爱。

不过关于圆筒冰激凌的故事其实有点复杂……

卡巴兹兄弟宣称第一个在世博会上把冰激凌装进可食用圆筒里的是他们，而不是欧内斯特·汉威。

瞪眼
哼！

瞪眼
哼！

但是亚伯·都马尔也这么说，甚至还说他的自创圆筒机可以证明那一切。

大卫·阿瓦尤对此有异议，坚称是他在世博会首创了圆筒。查尔斯和弗兰克·曼奇斯也这么说！！！

瞪眼

不过，伊塔洛·马尔基奥尼在那届世博会举办前一年就已经用甜饼装冰激凌了。1825年还有一本烹饪书描述过小华夫饼做的圆筒。

法国甚至还有一幅绘于1807年的油画，里面也呈现了女子享用圆筒冰激凌的场面。

瞪眼

诸如此类，不胜枚举。

人类总能想出解决办法。有时同一个办法会被不同的人一次又一次想出来。

我懂了，我懂了。新点子！

把蛋糕装进华夫饼！

等等……也许很好吃？

炸鹰嘴豆泥装进华夫饼！

……

天啊！

所以，把一种美食装在另一种美食里，可能也没有最初看起来那么有创意。

更简史 BRIEFER HISTORIES

世界上最大的圆筒出现在英国格洛斯特，它有4米高，装有1000千克重的冰激凌。由于太过高大，冰激凌球需要被弹射到圆筒上去。

发射！

1984年，当时的美国总统罗纳德·里根通过了一个决议，宣布七月为国家冰激凌月。正如里根的竞选口号——"黎明重临美利坚"。

美国最受欢迎的冰激凌口味是香草味。真正的香草多产自马达加斯加，那里也是狐猴的家乡。

……狐猴真棒。

一头普通的奶牛一天可产25千克牛奶，足够做出7.6升冰激凌。

神圣的奶牛。

薯片 POTATO CHIPS

关于现代人最爱吃的零食——薯片，最早的记录出现在1822年英国眼镜商人威廉·克奇纳写的烹饪书中。

他的书里还记录了11种番茄酱配方，其中一种番茄酱是用牡蛎做的。

我要让大家都了解牡蛎番茄酱。

而美国流传的版本是，薯片来自19世纪50年代的美国纽约州城市萨拉托加斯普林斯。

萨拉托加斯普林斯

纽约州

知名餐厅的老板乔治·克鲁姆是黑人操作工和休伦土著人的儿子，他原本是想用薯片气走一位挑剔的食客。

切得够薄了吗？

啊呀！

没想到这位食客竟然很喜欢这种油炸土豆食品，于是克鲁姆把薯片定为他餐厅的一道主打菜。

但是克鲁姆并未在他委托他人编写的传记中提到过薯片，这个故事也许并不存在。

我作为一个黑人，难道在奴隶制尚未被废除的时候就拥有一家全国知名的餐厅还不够厉害吗？

GEO. GRUM

这个关于薯片的传说是在20世纪70年代被美国零食产业推广普及的。

薯片的来源可以暂且不提，但必须得说一说"美国西部薯片女王"劳拉·斯卡德，是她将薯片推上了"零食之王"的宝座。

在1929年之前，人们买薯片都要从杂货店的大桶里取出，再装到石蜡袋子里带回家去。

吧唧！

啊！

恶心！

我们干嘛吃这个鬼东西啊？

Potato Chips

但在桶里放了几天后，薯片会变味或变成糊状的东西。

"薯片女王"劳拉·斯卡德在费城长大，原本是一名护士。1910年逃到美国西部，后来成了加州尤凯亚第一位通过律师资格考试的女性。

但你的……女性小脑袋？

MENDO
COUN
COURTH

1926年，斯卡德在洛杉矶开办了一家食品包装厂。

啊！恶心！我们为什么要生产这种东西？

呸呸！

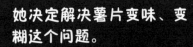
她决定解决薯片变味、变糊这个问题。

斯卡德找来一个开封了的石蜡袋子，用熨斗熨烫开口，将薯片密封在里面。

薯片保持了酥脆！她的宣传口号是"世界上最响的薯片"。

太悦耳啦！

嘎吱 嘎吱

但是无论做得多完美，斯卡德都还是一位生活在20世纪20年代的女性企业家，这便决定了她的路并不好走。

她无法给运货卡车上保险，因为保险公司不相信一个女人会按时缴纳保险费。

女性的小脑袋应该记不住这种事情。

这是人尽皆知的。

于是她特意找了一位愿意为她写保险单的女代理人。

嘎吱

后来，当斯卡德的脆薯片占领加州零食市场时，她雇来那位女代理人为整个车队都写了保险单。

不狭隘，不犯傻，才能多赚钱！

渐渐地，美国乃至全世界，都爱上了袋装薯片。

劳拉·斯卡德也提倡在包装袋上标记封装日期，以提示食品的保质期。

1928年，劳拉的丈夫查尔斯去世。她改嫁给自己的继子，他的名字也叫查尔斯。因为这件事，整个洛杉矶都震惊了。

我想我已经说得很清楚了，我根本不在乎你们这帮人的看法。

有人提出以900万美元的价格收购她的公司，但不能保证原来的员工不被辞退，斯卡德拒绝了。1957年，她把公司卖给了一个保证继续雇佣原来的员工的人。

记得"不狭隘、不犯傻，才能多赚钱"的原则吗？

也请坚持下去吧！

两年后，77岁高龄的"美国西部薯片女王"劳拉·斯卡德离开了人世。

更简史 BRIEFER HISTORIES

科学研究发现，戴上耳机放大嚼薯片的声音可以让人产生一种错觉，认为薯片更新鲜。

嘎吱嘎吱

威廉·克奇纳还研发了一种"哇哇酱"，里面有上好的腌渍核桃、黄油、波尔图葡萄酒，当然还有……蘑菇番茄酱！

又一种新的番茄酱！

冰块
P164

台球
P168

啤酒易拉罐
BEER CANS

19世纪初的啤酒罐是铁做的，铁罐非常非常坚固，因此要动用锤子和凿子才能打开。

呃，下次你站远点儿。

后来人们改用了锡和铝这样更薄的金属材料。

1935年1月24日，罐装啤酒第一次出现在美国弗吉尼亚州里士满市的超市里。

我们应该申请一个法定假日！

咕噜！

人们要用三角开罐器在这种啤酒罐的顶部打两个孔，才能把啤酒倒出来。整个过程很费劲。

我真觉得这是一个很神圣的仪式……

1959年，俄亥俄州代顿市的艾马尔·弗雷兹在一次野餐后弄丢了他的三角开罐器。

这种开罐方式似乎有一些意料之外的缺点……

弗雷兹试着用他的汽车保险杠打开啤酒。

肯定有更好的解决方式！

他花了几个月的时间，终于设计出一种带拉环的啤酒罐。

就是它啦！

啤酒罐的拉环的确很容易拉开，用完了也可随手丢掉。

1963年他申请了这种拉环的专利。

没过几年，几乎所有罐装饮料都用上这种带拉环的易拉罐了。

但到了20世纪70年代初，人们使用并丢弃的拉环实在太多，埋下了种种隐患。

小小的拉环很难被人注意，而且降解速度非常慢。

常去海滩的人总是会不小心光脚踩到。

啊嗷！

痛啊！！

小孩和动物还会不小心吞下被丢弃的拉环，后果多严重可想而知。

这种开罐方式似乎也有一些意料之外的缺点……

于是抵制铝罐的呼声越来越高。

又有人设计了一种下压式开罐法，但需要把手指伸进锋利的开口处。

到底是……哎哟！

哪里出了问题呢？

这种方式没有得到推广。

终于在1975年，丹·卡迪克发明了内嵌式拉环"Sta-Tab"。

Sta是stay的简写？

没错，就是指不用丢掉！

PLEASE RECYCLE

这种内嵌式拉环很快就成为了行业内的标准选择。

有了这种设计，五亿多吨的铝制拉环能够和罐身一起得到回收利用，而不再被随意丢弃成为种种问题的隐患了。

并且，海滩爱好者的脚……

哥们儿，我们不用再踩到拉环了！

在很大程度上也安全了。

更简史 BRIEFER HISTORIES

丹·卡迪克的内嵌式拉环在纽约现代艺术博物馆的"低调的杰作"展览中展出。

20世纪70年代很流行收藏易拉罐，马萨诸塞州陶顿市的易拉罐博物馆内有大量收藏。

真是个奇怪的年代。

在1935年到1960年之间，还曾有一种圆锥顶的罐子出现在啤酒罐家族中，不过后来就很少见了。

现在，全世界每年约生产4750亿个饮料易拉罐，人均66个。

牙签 TOOTHPICKS

1860年前后，从事进口贸易工作的美国人查尔斯·福斯特来到巴西。

哇，好湿润啊。

他发现这个位于南半球的奇异国度和自己的家乡美国马萨诸塞州有很多不同之处。

但最让他印象深刻的不是四季不分明的气候，不是新奇的花鸟鱼虫，也不是陌生的语言和食物……

不过，没有蛤蜊浓汤确实算一个奇怪的问题。

啵

而是巴西人的牙齿好到令人震惊。

他们的牙亮白清新，没有蛀牙。

闪亮

奇了怪了！

用餐后，巴西人会用小木签将牙齿剔干净，这一举动让查尔斯·福斯特很感兴趣。

天哪！我觉得我能靠这个发家致富！

弹飞 剔乐 剔牙

他买了一盒这样的小木签带回家乡，开了一家制造厂，等待着牙签订单蜂拥而至。

避免蛀牙和口臭，一定会有市场啊。

砍 劈 锯 削 锯 削 锯

结果并没有接到什么订单。

真的，我们店的顾客不想把这些成盒的小木签买回家。

GENERAL STORE

福斯特没有就此罢手。

"不想买木签"？我倒要让他看看……

首先，他散播消息说他的工厂因签订单不足将要停产。

然后雇来波士顿周边的一大批年轻人，让他们不断地去商店求购已经"停产的"牙签，以此制造假象。

!!!

!?

!?

!?

等到需求逐步积累起来，福斯特就决定"重新投入生产"。
于是波士顿大大小小的商店都向他订购了牙签。

紧接着，福斯特又雇来更多年轻人，让他们买空所有商店里的牙签，并归还给他。

卖光所有牙签后，商店老板们又来下了订单。福斯特把收回来的牙签再次销售出去。

这样人为制造的购买需求持续了半年后，牙签真的流行起来，福斯特也不需要再依赖这种暗箱操作了。

福斯特去世时已家财万贯。

《美国文化》杂志称他是"对美国人的牙齿贡献最大的人"。

福斯特把他的牙签帝国留给了女儿夏洛特。这个生活在洛杉矶的女人极富魅力,后来却从疗养院的三楼一跃而下,这一事件在当时的美国引起了很大轰动。

啊呀呀呀!!

她没有死。

福斯特在缅因州开设的工厂连续生产了116年的牙签,直到2013年被价格低廉的进口牙签抢走了风头,最终破产。

更简史 BRIEFER HISTORIES

在福斯特遇到牙签之前,它就存在已久了。人们从美索不达米亚一位国王的坟墓中找到了一根公元前3500年的牙签。

剔牙

在英国革命中,被送上断头台之前的查理一世将自己的金牙签送给了一位朋友。

那个……脑袋都掉了,还留着牙签干吗。

1844年那个闷热的夏天，温汉姆湖制冰公司在伦敦开了一家分部，并为此大做宣传。

这家公司把一大块新制的冰块放在橱窗里，引得众人围观。

第二天一早，又来了一块新的。

每天都不断有新冰运来。

商店在冰块后面贴上一张报纸，路过的人透过晶莹的冰块依然能读到上面的内容。

温汉姆湖制冰公司得名于它所售冰块的来源地——美国马萨诸塞州的温汉姆湖。

船长！船上现在全都是水！

听到了吗？

还要四周才能到……

北大西洋

温汉姆湖

船只穿过大西洋，将冰块千里迢迢地运往英国。

被酷暑高温折磨的全体伦敦人都为冰块疯狂。

专供上流社会晚宴的温汉姆湖冰块，以高质量和高纯度而闻名。

啊！尝起来像冰冻的平民眼泪。

连维多利亚女王都要求在白金汉宫享用温汉姆湖冰块。

女王也要喝冷饮的好吗？

得到了英国王室的特许，这横跨大西洋的冰块贸易大获成功。

早在1805年，弗莱德里克·都铎就萌生了贩运冰块的主意。

热疯了

热疯了

热疯了

热疯了

太热了，太可怕了。

在20岁出头去加勒比海航行的时候，他有了这个想法。

23岁时，都铎进入了制冰业。

冰块？是像结冻的水那样吗？

1805年11月，他装了满满一船美国马萨诸塞州的湖冰，将其运往法国马提尼克岛。

这能有什么问题？

但没有人愿意购买，大部分湖冰都融化了。都铎惨遭失败。

冰块非常难以销售。因为海关人员对冰块所属的货物类别争论不休，一船运往英国的冰块就这样在港口融化了。

CUSTOMS

好吧，我还是觉得它属于蔬菜。

不过幸运的是，冰块运输成本较低，可以用伐木场的废木屑做隔热处理。

而且每年冬天冰就自动出现啦！

免费！

都铎没有放弃。不到四年，他通过贩卖冰块获得巨额利润，并将冰块运往世界各地。

如果按重量算，冰块成为了那几十年间美国产量第二大的"作物"。

温汉姆湖

船长！船里好多水……啊！！

飞溅！！

而都铎的温汉姆湖冰是最一流的。

从波士顿运到孟买130天的路程中，一整船的冰块最后只剩下三分之二，但这也足以让人稳赚一笔了。

啊！看来木屑不够多！

但是温汉姆湖冰相比其他冰块不再有特殊性了。

温汉姆牌

某某牌

结冻的水无非就是结冻的水。

一家挪威制冰公司把奥珀加德湖更名为温汉姆湖，以便为自己招揽更多的生意。

古老的挪威智慧啊！

LAKE
OPPEGA
WENHAM

挪威的冰块很畅销，美国在冰块贸易中的优势地位也已不再。

呸，廉价的外国赝品！

USA

更简史 BRIEFER HISTORIES

印度是都铎最大的冰块市场。他在加尔各答、孟买和马德拉斯都建造了巨大的豪华冰库，后来生意风光不再时，就把它们卖掉了。

20世纪60年代，马德拉斯的冰库变成了一座博物馆，纪念将瑜伽带到西方世界的斯瓦米·维韦卡南达。

台球
BILLIARD BALLS

1867年，美国《纽约时报》发表社论警告称，因为人类长期的猎杀行动，大象已濒临灭绝。

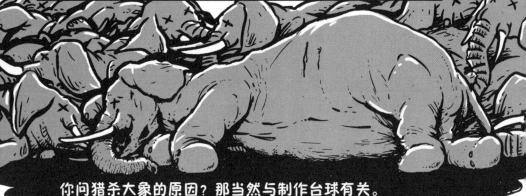

你问猎杀大象的原因？那当然与制作台球有关。

为了让台球有恰到好处的"弹力"，只能用一种材料来制作，那就是象牙。

这规矩真的不是我定的。

台球这项运动在19世纪中期大受欢迎，随之而来的便是象牙需求的激增。

还好大象多得很。

台球的制作对材质极为挑剔。每50根象牙中大概只有一根足够完美，可以用来制作一颗球。

嗯，这根没有潜能，达不到恰到好处的弹力。

但是要检验象牙品质，只能先猎杀后再鉴定。

咳咳，这根可惜了。

扔!

你问解决方式？猎杀更多大象。

咔，砰!
咔，砰!

更多更多的大象。

我不喜欢这样，天天跑路……

19世纪60年代中期，英国每年要进口45万多千克象牙。按平均一根象牙27千克算，等于每年要杀掉8000多头大象。

你现在听起来就像那些要"保护大象"的蠢货。

真的!!

慢慢地，人们不得不面对现实。

如果我们把大象杀光，就再也没有球了。

没有球，何谈台球。

啊!必须要采取点措施了!

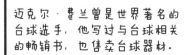

迈克尔·费兰曾是世界著名的台球选手，他写过与台球相关的畅销书，也售卖台球器材。

台球消失的话，我的商业模式不就全完了。

1863年，他悬赏一万美元希望找到能代替象牙制作台球的材料。

来自纽约州奥尔巴尼市的海特兄弟在报纸上读到了这则悬赏信息。

嘿，你对一万美金有兴趣吗？

海特兄弟是印刷工，要和许多化学品打交道，他们花了五年时间做实验，寻找制作台球的新型材料。

好，一个小时内不要吸气……

终于，他们用酸处理过的棉花制成一种结实又有弹性的塑料材料——"赛璐珞"。

啊，奖金的声音！

弹！弹！
滚动……

但这不是台球所需要的那种弹性。海特兄弟并没有赢得费兰的奖金。

去找你所谓的"弹性"去吧！

我们花了整整五年啊！！

但是海特兄弟发明的这种赛璐珞便宜又耐用，很快就成为各种东西的制作材料，除了台球。

梳子

叉柄

各种乐器

娃娃

多米诺骨牌

甚至假牙！

赛璐珞胶卷让早期电影得以呈现。

《纽约时报》开玩笑地预言道，随处可见的赛璐珞可能着火或爆炸。

啊！我的假牙！

轰隆！

人类历史上第一个塑料时代终于到来了！

不过同时，为制作台球而大规模猎杀大象的现象还是持续了半个世纪之久……

直到1907年，"胶木"塑料的出现，才取代了象牙在台球制造界的地位。

更简史 BRIEFER HISTORIES

当然，胶木还是没有彻底阻止偷猎大象的行为。非洲象的数量已从1900年的数千万头，减少为如今的50万头。

哎……

迈克尔·费兰借助自己的知名度将台球器材标准化，然后通过售卖他指定的球桌、球杆和台球模型，一夜暴富。

定规矩还是有回报的！

户外 THE GREAT OUTDOORS

交通信号灯
P174

轮滑鞋
P178

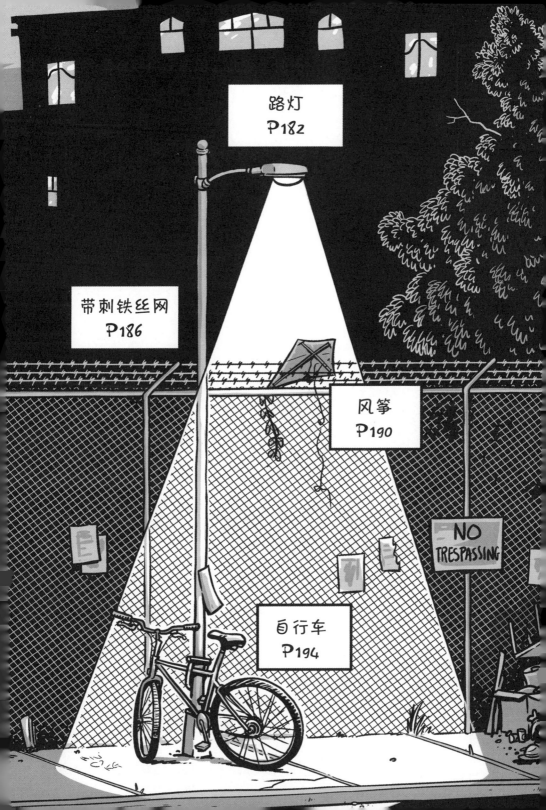

路灯
P182

带刺铁丝网
P186

风筝
P190

NO
TRESPASSING

自行车
P194

交通信号灯
TRAFFIC LIGHTS

世界上第一个交通信号灯出现在1868年伦敦市的大街上。

它的顶端有一盏煤气灯，能够发射红光和绿光……

还有两个曲柄可以摇动，示意人们何时该走、何时该停。

急刹！

第二年，这个交通信号灯在一团火球中爆炸，把站在下面操作的警察炸成了残疾。

BOOM！

这个想法没有得到推广。

吓死我了！

加勒特·摩根是一个崇尚安全的人。

热爱安全，以及头发。

加勒特·摩根1877年出生于美国肯塔基州一个贫穷的、由奴隶转为佃农的家庭。

我还有四分之一的印第安人血统，真的有额外优待。

他早早辍学，做起了修理缝纫机的工作。

摩根想找一种擦亮缝纫机针的液体，结果无心插柳，发明了一种拉直头发的配方。

最好不要问我为什么要把擦针的东西倒在头上。

后来他又设计了一种梳子，开始卖护发产品。

1912年，39岁的摩根设计了一款头套，人们戴上这种头套后可以在不良气体或烟雾中保持正常的呼吸。

伊利湖下的深井中烟雾弥漫，摩根利用这个装置解救了井下的矿工。此后这种头套变得广为人知。

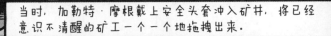

当时，加勒特·摩根戴上安全头套冲入矿井，将已经意识不清醒的矿工一个一个地拖拽出来。

这次营救引起媒体轰动，安全头套得到广泛应用。此外，他还从护发产品中盈利，变得非常富有。

他买了一辆汽车，成为克利夫兰第一个有车的黑人。

安全，头发，以及在敞篷车里表现拉风，都是我最在乎的。

此时距离第一个交通信号灯的报废已有半个世纪之久，而随着汽车的出现，城市道路变得更加危险。

这危及到了我的核心利益！

在目睹了十字路口一场惨烈的车祸之后，加勒特·摩根决定把注意力放在交通信号灯上。

1922年，他设计了一个复杂的机器，要用手摇柄，警示铃和灯光一起指挥交通。

啊，简约的设计真优雅！

不过摩根当时下手得有些晚了。

早在两年前，一个底特律警察发明了一种有三种颜色的交通信号灯，和现在的红绿灯很相似。

啊咳！

但这个警察的交通信号灯并没有传到克利夫兰，当时的科技传播速度还慢得很。

并且，通用电气公司才不会管谁先谁后。

他们花重金买下了摩根的专利……

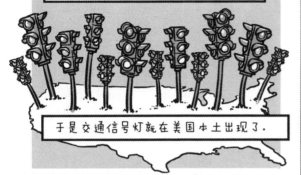

于是交通信号灯就在美国本土出现了。

愈加富有的摩根开始投身于政治行动主义和社区报的发行当中。

安全，头发，在敞篷车里表现拉风，行使公民权。谁还没点儿爱好啊？

更简史 BRIEFER HISTORIES

摩根在俄亥俄州创立了第一个黑人乡村俱乐部，并保护它不受3K党的迫害。

营销安全头套时，摩根找来一个白人朋友假装投资人，因为当时种族主义者不相信黑人值得投资。

这些人都不配呛死在烟雾里。

克利夫兰为纪念摩根的营救行动，将一家自来水厂以他的名字命名。

GARRETT A. MORGAN
WATER WORKS PLANT
DIVISION OF WATER

那位底特律警察没有为他设计的交通信号灯申请专利，后来默默无闻地离世了。

我们"无专利小分队"决定搬过来一起住，省房租！

轮滑鞋
ROLLER SKATES

约翰·约瑟夫·梅林是一位年轻的比利时钟表匠，他也很有戏剧表演的天赋。

1773年，梅林制作了一个银质的天鹅形状的自动装置，它可以用嘴捉鱼。

哈哎！

一个世纪后，马克·吐温还曾形容这只天鹅拥有一种"活灵活现的优雅"。

呼

咔！

梅林甚至还想制作一台永动机，但最后只做出了一个靠气压运转的外形奇怪的钟表。

嘀嗒 嘀嗒 嘀嗒 嘀嗒 嘀嗒 嘀嗒 嘀嗒 嘀嗒

但是在此之前，梅林也想在一场化装舞会上惊艳众人。

我要打扮得超有型！

他在鞋底安了几个轮子。

那是1760年，他25岁。

先不管有没有惊艳众人，梅林的确因此发明了轮滑鞋。

天哪！天哪！天哪！

但最让他兴奋的不是这个发明创意……

……而是他的现场表现！

嗨，大家好！！！

摇摇~

晃晃~

梅林踩着这双鞋滑入舞会大厅，同时娴熟地演奏着小提琴。

那晚，宾客们惊喜极了。

哇！

哇！

哇！

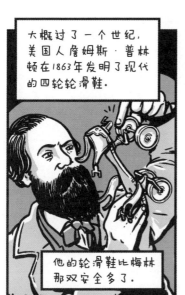

大概过了一个世纪，美国人詹姆斯·普林顿在1863年发明了现代的四轮轮滑鞋。

他的轮滑鞋比梅林那双安全多了。

普林顿的轮滑鞋在1870年的英国年轻人中掀起狂热潮流。媒体将这一现象称为"广场旱冰风潮"，家长们担心这背后藏匿着不道德的性行为。

这真的很危险。

噢！

只是人们不知道罢了。

紧张

但是太迟了……

轮滑时代已然来临。

更简史 BRIEFER HISTORIES

20世纪70年代末，音乐、青春和轮滑鞋，这些元素随着"旱冰迪斯科"的流行再一次聚首了。

30年后我也不会后悔赶过这个时髦！

轮滑只在一届奥运会上出现过，那是1992年的巴塞罗那奥运会轮滑曲棍球比赛。

1956年，安东尼奥·皮雷洛发明了燃气轮滑鞋，时速可达65千米，不过要背一个9千克重的书包放置燃气。

世界上最大规模的轮滑鞋收藏保存在美国内布拉斯加州的国家轮滑博物馆。

路灯
STREET-LIGHTS

世界上最早的公用电灯是一种安装在高塔顶部的巨大而坚固的灯泡，灯塔稀疏地分布在城市中。

这种灯塔被称为"月光塔"，使用的是比现代路灯灯泡强劲200倍的弧光灯。

太……
亮了！

许多人讨厌这种月光塔。

健康专家警告说，弧光灯的强光会导致眼部疾病、神经衰弱，以及让皮肤长出斑点。

啊？
长斑！！

而且，这种明亮的单一光源使它覆盖不到的区域成为了黑影区，人们什么都看不见。

但"月光塔"公司仍坚持推广弧光灯。

不管你喜欢与否，未来就这样势不可挡地来临了！

他们声称弧光灯能够有效降低犯罪率，还拿出了夜贼的证词："电灯要让我们失业啦！！！"

或者说，能照得到的地方就没有贼！

啊啊！！

就这样，月光塔席卷了整个美国。

1882年，急切希望跻身美国最现代城市的底特律也安装了月光塔。

底特律市

底特律的政府官员在整个城区安装了70座45米高的月光塔。

我们可听过夜贼的证词呢。

但并不是所有人都买账的。

有一个人因为试图砍倒他家附近的灯塔被逮捕。

让人长斑的坏蛋月亮杆！！

据报道，月光塔24小时灯火通明，导致很多家禽因睡眠不足相继死去。

不管你喜欢与否，未来就这样势不可挡地来临了！

在大雾天气的夜晚，整座城市会陷入黑暗。

&%#$!

嗷呜！

灯塔也可能在暴风天倒塌。

咔嚓！

啊啊！！！

被小山和高楼挡住的黑黢黢的地段变得非常危险，常有抢劫事件发生。

说……说好的证词呢？

于是底特律安装了更多的月光塔。

我们都是从"固执己见、坚持到底大学"毕业的。

整座城市被扔进了塔下明亮的世界。但没过几十年，所有的月光塔就被拆除了。

你有过在酒吧玩得好好的，突然灯被打开的经历吗？想象一下连续30年都是这样的日子。

在美国各地，现代路灯逐渐取代了月光塔。

名字是没什么新意。但至少家禽死亡率变低了，很划得来哦。

虽然曾在美国的夜晚有过一段短暂的风光，但如今，月光塔在美国已不足20座了……

……它们都位于得克萨斯州首府奥斯汀。

而且，这些月光塔都是从底特律买来的.

交通事故、飓风、建楼、生锈，奥斯汀的月光塔也饱经风霜，但仍有17座坚守岗位，从1894年至今照亮了每晚的夜色。

1970年，这些月光塔成为了得克萨斯州的地标。

更简史 BRIEFER HISTORIES

1881年，第一座月光塔建造于美国加州圣何塞。它足有72米高，后在1915年的一场暴风雨中倒塌。

啊啊！

弧光灯在早期电影中作为照明装置，演员们在各个场次之间需要戴墨镜遮光。

太……亮了……

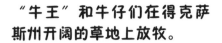
"牛王"和牛仔们在得克萨斯州开阔的草地上放牧。

集合！集合！

牧场主开始用带刺的铁丝网将草地围起来，牛仔们当时深感不悦。

于是他们就动了点手脚。

我的草！我！的！草！

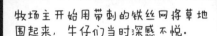
1883年，"剪围栏大战"爆发了。

牛仔们头戴面罩，化名"猫头鹰"或"恶鬼"之类，趁夜里破坏了好几千米的带刺铁丝网。

我们为什么自称猫头鹰啊？

猫头鹰多酷炫。

当年年底，他们对铁丝网造成的破坏已达2000万美元。

牧场主雇来武装警卫。

是他的草！

枪战时有发生……

砰！

砰！

砰！

砰！

死亡也屡见不鲜。

但1884年9月，剪围栏团伙剪错了铁丝网。

嘶嘶

30岁的梅布尔·戴是一个带着三岁女儿的寡妇，拥有一大片位于得克萨斯科尔曼的牧场。

生活简直毫无压力。

科尔曼的戴氏牧场

去世的丈夫给梅尔特·戴留下了一片牧场，以及117000美元的外债。

如果能用草还债，那我完全没问题啊。

她决定把一部分土地卖给北方的投资人，以偿还丈夫欠下的债。

附带免费的青草哦！

剪围栏团伙得知戴与美国佬做生意后非常不满，于是给她写了一封种族主义恐吓信，还剪断了她的围栏。

戴试图重修围栏，但她的工人们却被70多个蒙面大汉拦住。

这不是她的草……

永远不要跟梅布尔·戴作对。

1884年，她成功游说得克萨斯州立法机构将剪围栏行为定为重罪。被判有罪后，剪围栏团伙就再也没有出现过了。

我的草！

她的草。

1886年，当布朗县价值百万美元的围栏被人剪断时，冲突再次爆发。

得克萨斯骑警被派去平息此事。

他们在围栏桩下面埋好炸药陷阱。

喂，这让我想起我们的过度使用武力政策。

这一措施效果显著，彻底平息了"剪围栏大战"。

NO TRESPASSING

更简史 BRIEFER HISTORIES

带刺铁丝网最早是1868年由约瑟夫·格利登发明的，他当时看到一截带钉子的木头受到了启发。

在美国多地都有铁丝网博物馆，其中堪萨斯州展出了2000多种不同的铁丝网。

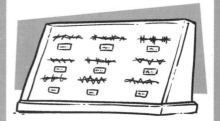

在1886年的那次行动中，得克萨斯骑警进入牛仔团伙中做卧底，以摸清他们的行动路线。

带刺铁丝网在一战的战壕中也是一种被大量使用的残暴武器。

风筝
KITES

没有人能确切地知晓风筝发明的时间，但它大约出现在2500年前，而几乎可以肯定的是，它诞生在中国。

哎呦！

快看它！

古代中国有丝绸，还盛产竹子，所以将二者搭配起来无非是灵感出现得早晚的问题。

这可能是人类历史上第一次操控会飞的东西。

嗯……我该怎么用它给邻居点儿颜色看看呢？

但很多人认为，中国人最初发明风筝并不是为了娱乐消遣，而是将之应用到了战场上。

中国明朝时，人们在乌鸦形状的风筝上装满炸药，用来炸毁敌人的营地。

乌鸦炸弹？谁允许这么干了？

风筝也被用作提示军队进攻的信号。

看，多美啊！

还有人用风筝来测量到宫墙之下的地道要挖多长。

呃，至少我们知道距离了。

风筝甚至还对中国汉朝的建立有所贡献。

传说汉朝开国皇帝刘邦被敌军围困时，在风筝上绑上竹笛，夜晚放出迎风作响。敌军受惊，仓皇逃走。

哈哈！比预期效果还好。

呼！

风筝还一度被用来执行死刑。

啊呀呀呀呀~

什么？我在发明悬挂式滑翔机啊！

550年，文宣帝称帝北齐后，就是用这种方法处死了700位政敌。他将他们捆绑于巨大的风筝上，从高塔顶端抛出窗外。

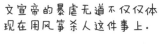

文宣帝的暴虐无道不仅仅体现在用风筝杀人这件事上。

就是嘛，为什么要压抑自己？

救命！

他命令士兵杀死他们的一位将领，并吃掉他的尸体；还在酒席中公然肢解了他的一位妃嫔。

如果你们说我是凶残的暴君，你们也是一样的下场。

幸运的是，这位皇帝在33岁那年嗜酒暴毙。

噢，天哪！

皇上驾崩了。

咕噜

当然，风筝不仅仅是人类战争和行刑的工具，它还被用于偷窃。

相传19世纪，日本一个臭名昭著的盗贼驾着一个大风筝飞上了名古屋城堡的房顶，偷走了它的金海豚雕像。

我就偷了，能怎样？

这个盗贼后来被抓获，在开水中活活被煮死了。

更简史 BRIEFER HISTORIES

1282年，欧洲人从马可·波罗的游记中得知风筝，但风筝真正在欧洲流行起来已经是18世纪了。

抱歉，忙着对抗瘟疫呢。

巴基斯坦的旁遮普省禁止放风筝。他们认为风筝事故可能致命。

泰国人在风筝节上要放一个2.5米宽的巨型风筝和许多钻石形的小风筝，让它们互相追逐。

危地马拉人要在亡灵节放色彩斑斓的圆形的大风筝，来纪念死去的人。

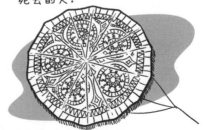

1896年，苏珊·B.安东尼告诉一位记者说：

在所有的现代发明当中，自行车对于女性解放所做出的贡献比任何东西都要大。

天啊，细想起来，这句话真是太令人沮丧了。

19世纪90年代，自行车热潮席卷美国。

骑马也太80年代了。

该死的时髦精！

当时，全美上下售出了上百万辆自行车。

大型展览也一定少不了它们的身影。

骑着自行车漫游大街小巷是当时最为新潮的选择。

无论男女，人人都为自行车狂。但女性们很快发现，她们紧身的维多利亚服饰并不方便骑车。

裙裾飘飘，却会不小心卷进自行车轮子。

束腰优雅，但限制活动，也让人喘不上气。

那么圈环裙呢？

圈环裙！见鬼去吧！！

为此，美国女性中间掀起了旋风般的新型服装发明设计潮。

在自行车热潮袭卷美国甚至全世界的那段时间，一共有30位女性获得不同的发明专利。

奇怪的宣传噱头很快出现了……

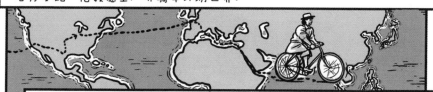

伦敦德里郡的锂盐矿泉水公司付给安妮·可普乔夫斯基100美元，让她改名为安妮·伦敦德里，并骑车环游世界。

尽管从来没骑过自行车，安妮带上了一些换洗的衣服和一把左轮手枪，用15个月的时间完成了在自行车上的环球旅行。

同时医生还担心，自行车如此流行是因为女性会在与车座的摩擦中无意间得到快感。

这是很危险的！

呃，大家还没意识到这个问题！

紧张紧张

他们还没担心多久，自行车的热潮就在19和20世纪之交逐渐消退了。

我最近迷上了轮滑！

讨厌的时髦精！

但女性的穿衣潮流与命运却是永远地被改写了。

更简史 BRIEFER HISTORIES

当年苏珊·B.安东尼那段感慨自行车的言论，是由内莉·布莱报道的。这位女记者曾用72天时间独自一人环游世界，打破了世界纪录，还买了一只宠物猴。

就是一场个人秀。

自行车是一位德国男爵在1817年发明的，经历了很多次外观的变更后才成为了现在的样子。

参考书目 BIBLIOGRAPHY

Bastone, Kelly. "The Sports Bra Turns 30." *Women's Adventure Magazine*, 2009.

Brady, M. Michael. "The Paper Clip Saga: The Invention That Was Not." *The Foreigner*, February 9, 2013. http://theforeigner.no/m/pages/columns/the-paper-clip-saga-the-invention-that-was-not/.

Braun, Sandra. *Incredible Women Inventors*. Toronto: Second Story, 2007.

Bundles, A'Lelia. *On her own ground: the life and times of Madam C.J. Walker.* New York: Scribner, 2001.

Burke, James. *The Pinball Effect: How Renaissance Water Gardens Made the Carburetor Possible—and Other Journeys*. Boston: Little, Brown, 1996.

Bryson, Bill. *At Home: A Short History of Private Life*. New York: Doubleday, 2010.

Deng, Yinke, and Pingxing Wang. *Ancient Chinese Inventions*. Cambridge, UK: Cambridge University Press, 2011.

Dien, Albert E. *State and Society in Early Medieval China*. Stanford, CA: Stanford University Press, 1991.

Dulken, Stephen Van. *Inventing the 20th Century: 100 Inventions That Shaped the World*. London: British Library, 2000.

Foner, Eric, and John A. Garraty. *The Reader's Companion to American History*. Boston: Houghton Mifflin Co., 1991.

Freeberg, Ernest. *The Age of Edison: Electric Light and the Invention of Modern America*. New York: Penguin Books, 2014.

Gates, Henry Louis, Jr. "Who Was the First Black Millionairess?" *The Root*, June 24, 2013. http://www.theroot.com/articles/history/2013/06/who_was_the_first_black_millionairess.html.

Gilbreth, Frank B., and Ernestine Gilbreth. Carey. *Cheaper by the Dozen*. New York: T.Y. Crowell, 1948.

Gillette, King C., *The Human Drift*. Boston: New Era Publishing, 1894.

Al-Hassani, Salim T. S., ed. *1001 Inventions: The Enduring Legacy of Muslim Civilization*. Washington, D.C.: National Geographic, 2012.

Hill, Louis. *Inventors and Inventions*. London: Black Dog, 2009.

"History of the Paper Clip." Early Office museum, n.d. http://www.officemuseum.com/paper_clips.htm.

James, Peter, and Nick Thorpe. *Ancient Inventions*. New York: Ballantine, 1994.

Jones, Amanda Theodosa. *A Psychic Autobiography*. New York: Greaves Publishing Co., 1910.

Kane, Joseph Nathan. *Necessity's Child: The Story of Walter Hunt, America's Forgotten Inventor*. Jefferson, NC: McFarland, 1997.

Kealing, Bob. *Tupperware, Unsealed: Brownie Wise, Earl Tupper, and the Home Party Pioneers*. Gainesville: University of Florida Press, 2008.

Keen, Catherine. "Jogbra: Providing Essential Support for Title Nine and Women Athletes." *O Say Can You See?* National Museum of American History, December 11, 2014. http://americanhistory.si.edu/blog/jogbra-providing-essential-support-title-nine-and-women-athletes.

Krell, Alan. *The Devil's Rope: A Cultural History of Barbed Wire*. London: Reaktion, 2002.

Levy, Joel. *Really Useful: The Origins of Everyday Things*. Buffalo, NY: Firefly, 2002.

Liu, Joanne S. *Barbed Wire: The Fence That Changed the West*. Missoula, MT: Mountain Press Publishing Co., 2009.

Macdonald, Anne L. *Feminine Ingenuity: Women and Invention in America*. New York: Ballantine, 1992.

Maxwell, D. B. S. "Beer Cans: A Guide for the Archaeologist." *Historical Archaeology*, 1993: vol. 27, no. 1., pp. 95-113.

Meyers, James. *Eggplants, Elevators, Etc.: An Uncommon History of Common Things*. New York: Hart Pub., 1978.

"A New Bicycle Skirt." *The New York Times*. October 15, 1893.

Petroski, Henry. *The Evolution of Useful Things*. New York: Knopf, 1992.

_____. *Invention by Design: How Engineers Get from Thought to Thing*. Cambridge, MA: Harvard UP, 1996.

_____. *The Pencil: A History of Design and Circumstance*. New York: Knopf, 1990.

_____. *Small Things Considered: Why There Is No Perfect Design*. New York: Knopf, 2003.

_____. *The Toothpick: Technology and Culture*. New York: Knopf, 2007.

Pilon, Mary. *The Monopolists: Obsession, Fury, and the Scandal behind the World's Favorite Board Game*. New York: Bloomsbury USA, 2014.

Seaburg, Carl. *The Ice King: Frederic Tudor and His Circle*. Massachusetts Historical Society, Boston, and Mystic Seaport, Mystic, Connecticut, 2003.

Smith, Robert A. *Merry Wheels and Spokes of Steel: A Social History of the Bicycle*. San Bernardino, CA: Borgo, 1995.

Sullivan, Otha Richard, and James Haskins. *African American Inventors*. New York: Wiley, 1998.

Temple, R., *The Genius of China*. New York: Simon & Schuster, 1986.

Vare, Ethlie Ann and Greg Ptacek. *Mothers of Invention: From the Bra to the Bomb: Forgotten Women & Their Unforgettable Ideas*. New York: Morrow, 1988.

———. *Patently Female: From AZT to TV Dinners: Stories of Women Inventors and Their Breakthrough Ideas.* New York: Wiley, 2002.

Ward, James. *The Perfection of the Paper Clip: Curious Tales of Invention, Accidental Genius, and Stationery Obsession.* New York: Touchstone, 2015.

Weightman, Gavin. *The Frozen-Water Trade: A True Story.* New York: Hyperion, 2003.

Weissmann, Dan. "How Billiards Created the Modern World." *Marketplace.* March 4, 2015. http://www.marketplace.org/2015/04/03/business/how-billiards-created-modern-world.

Willard, Frances Elizabeth. *A Wheel Within a Wheel—How I Learned to Ride the Bicycle: With Some Reflections by the Way.* New York: F.H. Revell, 1895.

Wilson, Bee. *Consider the Fork: A History of How We Cook and Eat.* New York: Basic, 2012.

致谢 ACKNOWLEDGMENTS

My deepest thanks to Dakota, dw, Kathy, and, especially, Ben for reading the drafts of this book and offering their thoughts and edits. Thanks to my agent, Farley Chase, for helping me navigate the process of putting together a book. I owe the most to my editor, Anna deVries, who found me in the first place.

I'm grateful to my parents for packing my childhood home with trivia books I devoured and to my siblings for not rolling their eyes too much when I'd spend dinner reciting what I'd learned. But I couldn't have done any of this without my wife, Kathy, the best companion I've ever known.

向为我校订草稿，提出宝贵想法的达科塔、dw、凯西和本致以最深的谢意。感谢我的代理人法利·查斯推动这本书的完成。这一切更归功于我的编辑安娜·迪福瑞，感谢她最初对我的发掘。

感谢我的父母在家里堆满冷知识书籍，让我的童年在大量阅读中度过；也感谢我的兄弟姐妹没有对在餐桌上滔滔不绝的我翻太多白眼。但如果没有我的妻子凯西，就不会有这本书的诞生，她是我所见过的最佳伴侣。

索引 INDEX

ANDY WARNER's comics have been published by
Slate, *The Nib*, *Fusion*, American Public Media,
KQED, *Symbolia*, the United Nations Relief
and Works Agency, UNICEF, and *BuzzFeed*.

He has taught cartooning at Stanford,
the California College of the Arts, and
the Animation Workshop in Denmark.

He writes and draws in a garden shed in
San Francisco and comes from the sea.

andywarnercomics.com

安迪·沃纳的漫画作品曾被美国《板岩》杂志、《笔
尖》杂志、《融合》杂志、美国大众传媒公司、旧金山公共
广播电台、Buzzfeed网站、联合国难民救济及工程局、联合
国儿童基金会等媒体和机构采用。

沃纳本人曾在斯坦福大学、加利福尼亚艺术学院、丹
麦动画工作室等地讲授漫画课程。

这位来自海边的漫画家平日喜欢在旧金山的一座花园
小屋中进行创作。

沃纳的个人网站：andywarnercomics.com

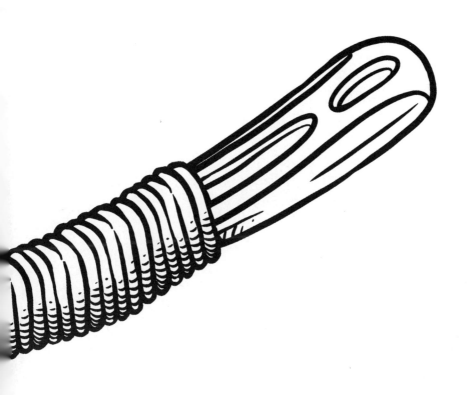